— 作者名单 —

第一章　张学军　刘晓彤　马建军　王金保　王生明
　　　　高建伟　张　丽　陈月娟

第二章　赵　营　马　英　王双喜　董　平　侯克峰
　　　　项　生　任　杨　吴　涛

第三章　刘汝亮　贾爱平　丁永峰　季　文　王凤芝
　　　　苏建国　赵　东　杨勃兴

第四章　王翰霖　罗健航　李　虹　赵智明　李　志
　　　　施文艺　苏海宁　孙　烨

第五章　刘晓彤　陈　泽　张　薇　郝忠华　刘　静
　　　　柴惠君　马治虎　韩兴斌

宁夏主要农作物
施肥评价和农田氮磷面源
污染防控技术研究与应用

张学军 王翰霖 赵 营 等◎著

黄河出版传媒集团
阳光出版社

图书在版编目（CIP）数据

宁夏主要农作物施肥评价和农田氮磷面源污染防控技
术研究与应用 / 张学军，王翰霖，赵营著. − −银川：
阳光出版社，2023.10
ISBN 978-7-5525-7228-5

Ⅰ. ①宁… Ⅱ. ①张… ②王… ③赵… Ⅲ. ①作物 −
施肥−宁夏②农田−土壤氮素 − 污染防治 − 研究 − 宁夏③
农田 − 土壤磷素 − 污染防治 − 研究 − 宁夏 Ⅳ.
①S147.2②X52

中国国家版本馆CIP数据核字（2024）第012883号

宁夏主要农作物施肥评价和农田氮磷　　　　　张学军　王翰霖　赵　营　等　著
面源污染防控技术研究与应用

责任编辑　郑晨阳　薛　雪
封面设计　赵　倩
责任印制　岳建宁

 黄河出版传媒集团　阳　光　出　版　社　出版发行

出 版 人　薛文斌
地　　址　宁夏银川市北京东路139号出版大厦（750001）
网　　址　http://www.ygchbs.com
网上书店　http://shop129132959.taobao.com
电子信箱　yangguangchubanshe@163.com
邮购电话　0951−5047283
经　　销　全国新华书店
印刷装订　宁夏凤鸣彩印广告有限公司
印刷委托书号　（宁）0028461

开　　本　720 mm×980 mm　1/16
印　　张　11.75
字　　数　200千字
版　　次　2023年10月第1版
印　　次　2023年10月第1次印刷
书　　号　ISBN 978−7−5525−7228−5
定　　价　58.00元

前　言

　　党的十八大以来，党中央、国务院高度重视粮食安全和农业绿色发展，习近平总书记强调，保障粮食和重要农产品稳定安全供给始终是建设农业强国的头等大事。国家深入实施"藏粮于地、藏粮于技"战略，加强基础建设，推进科技创新，粮食生产实现"十六连丰"，供给能力稳步提升。农业绿色发展是生态文明建设的重要组成部分，习近平总书记强调，实施乡村振兴战略，一个重要任务就是推行绿色发展方式和生活方式，让生态美起来，环境靓起来，再现山清水秀、天蓝地绿、村美人和的美丽画卷。

　　近年来，宁夏粮食播种面积稳定在 1 000 万亩以上，农产品供给保障能力稳中有升，尤其宁夏引黄灌区还是全国 12 个商品粮基地之一。"十三五"以来，我区粮食产业紧紧围绕种植业"调结构、保供给、提质量、保安全"目标，多举措推进粮食作物绿色高质高效发展，推广高产高效技术模式，落实"耕地质量提升"和"化肥零增长"两项行动，大力推广农药减量控害技术。2022 年统计数据显示，宁夏粮食播种面积 1 038.4 万亩，粮食总产量 375.8 万吨，全年粮食实现面积、总产、单产"三增"，实现"十九连丰"，全区农业总产值 455.6 亿元，其中种植业产值占比 45% 以上。但是，目前在粮食种植方面，还存在主要粮食作物水肥施用现状分析和评价缺乏、粮田氮磷减排情况不明、灌区粮田土壤氮磷养分淋失防控理论及其防控技术相对滞后和种植业效益比较低等问题，解决以上问题并制定粮食作物绿色高产高效技术规范迫在眉睫。《宁夏回族自治区农业农村现代化发展"十四五"规划》中指出，以保障粮食安全为底线，调整优化粮食生产结构，按照"稳水稻和小麦、扩玉米、优马铃薯、增小杂粮"的思路，全面推行绿色种植模式，建设高标准绿色高效农产品生产示范基地。实施优质粮食工程，建设自治区原粮储备生产基地，到 2025 年，粮食综合生产能力稳定在 380 万 t；该规划还指出，将持续推进化肥农药减量增效。到 2025 年，全区测土配方施肥覆盖率达到 95%以上，化肥利用率达到 43%以上。本书系统分析、总结了 15 年宁夏主要农作物面积、产量和施肥现状，结合全国、东部和西部相关标准，评价了我区主要粮食作物水平，研究提出了粮食作物绿色高效集成技术，并进行了规模化示范应用，有效控制农田氮磷面源污染，实现了农民增收、环境保护、经济和社会效益显著提升的目标，起到示范引领作用，为宁夏粮食产业绿色可持续发展提供技术支撑，对宁夏粮食安全及其产业高质量发展具有重大意义。

本书分为五个章节。第一章导论，第二章宁夏引黄灌区玉米氮磷流失面源污染绿色防控技术研究，第三章宁夏稻田氮磷流失面源污染绿色防控技术研究，第四章宁夏引黄灌区小麦氮磷流失面源污染绿色防控技术研究，第五章宁夏主要粮食作物施肥现状及化肥流失监测与评价系统平台构建与应用。各章节分工如下：第一章由张学军、刘晓彤等编写，第二章由赵营、马英等编写，第三章由刘汝亮、贾爱平等编写，第四章由王翰霖、罗健航等编写，第五章由刘晓彤、陈泽等编写。

本书是宁夏农林科学院农业资源与环境研究所植物营养与肥料研究团队历经 18 年的研究成果，得到了多个项目的资助和支持，主要有中国农业科学院中日农业技术研究发展中心中日合作项目（2004CJAC05J02）、宁夏回族自治区财政支农项目"宁夏主要粮食作物营养诊断施肥指标体系研究"（2007年—2009 年）、国家 "水体污染控制与治理"科技重大专项"农田减氮控磷与清洁生产关键技术研究与示范"子课题（2009ZX07212-004-2）、农业农村部第二次全国污染源种植业源普查"宁夏农业污染源种植业源抽样调查和原位监测"课题（2018年—2020年）、农业农村部科教司"农业环境保护–农田氮磷流失监测"项目（2014至今）、宁夏回族自治区财政支农"农业资源保护修复与利用"项目中的"宁夏种植业农田面源污染监测"（2017年—2021年）、国家重点研发计划"河套灌区粮田氮磷淋溶和农业废弃物污染防治技术模式示范"课题（编号2018YFD0800805）和国家重点研发计划"北方水稻化肥农药减施技术集成研究与示范课题"项目中"西北旱直播稻区化肥农药减施增效关键技术集成与示范"子课题（2018YFD0200204–5）等。在此，特别感谢农业农村部科教司、国家农业农村科技发展中心、中国农业科学院农业资源与农业区划研究所、中国农业科学院农业环境与可持续发展研究所和宁夏回族自治区农业环境保护监测站等相关领导、专家对本研究团队的支持、帮助和悉心指导。

本书适合土壤与植物营养、农业环境保护和粮食作物种植等领域的科研工作者，以及相关专业老师、学生、农业技术推广人员和种粮大户等参考使用。限于编者水平，加上成书时间仓促，书中难免有不足之处，诚望同行和广大读者批评指正。

张学军　王翰霖　赵　营

2023年10月于银川

目　录

第一章 导 论

第一节 宁夏农业及主要农作物种植概况

宁夏回族自治区位于我国黄河中上游，东邻陕西省，北接内蒙古自治区，南部与甘肃省相连。地形从西南向东北逐渐倾斜，丘陵沟壑林立，平均海拔1 000 m以上。全区划分为三大区域，一是北部引黄灌区，本区域地势平坦，降水量小于200 mm，土壤肥沃，素有"塞上江南"的美誉；二是中部干旱风沙区（简称中部干旱带），此区域干旱少雨，降水量在200～400 mm，风大沙多，土地贫瘠，生存条件较差；三是南部黄土丘陵区（亦称南部山区），该区域丘陵沟壑林立，降水量大于400 mm，部分地域阴湿高寒。宁夏属温带大陆性干旱、半干旱气候，南北相距约456 km，东西相距约250 km，国土总面积6.64万 km²；下辖5个地级市，11个县，2个县级市，9个市辖区。

一、宁夏农业概况

1. 粮食面积稳步推进

据统计，2022年，宁夏粮食播种面积1 038.4万亩（1亩约为667 m²），粮食总产量375.8万 t，平均亩产量362 kg，其中夏粮播种面积127.87万亩、总产27.86万 t、平均亩产218 kg，秋粮播种面积910.58万亩，总产量347.94万 t，平均亩产382 kg，全年粮食实现面积、总产、单产"三增"，实现"十九连丰"。

2. 农业生产基础不断夯实

宁夏全区高标准农田、高效节水农业分别达到 876 万亩、487 万亩，高标准农田占耕地的 48.5%，高效节水农业占高标准农田的 55.6%，农田灌溉水有效利用系数达到 0.561。建设农机农艺融合全程机械化示范园区 11 个、智能化示范基地 3 个，主要农作物耕、种、管、收综合机械化水平达到 81%。

3. 葡萄酒、枸杞、牛奶、肉牛、滩羊、冷凉蔬菜"六特"产业发展成效显著

宁夏全区酿酒葡萄、枸杞种植面积分别达到 58.3 万亩、43.5 万亩，同比分别增长 10.2%、1.2%；奶牛存栏 82 万头，增速连续 4 年居全国第一；肉牛、肉羊饲养量分别达到 220 万头、1 380 万只，分别增长 4.8%、4.3%；冷凉蔬菜面积达 299.1 万亩，同比增长 6.1%。成功创建国家级产业集群 1 个、农业现代化示范区 2 个、现代农业产业园 1 个，特色产业质量效益和竞争力持续增强。

4. 农产品加工业提速发展

宁夏全区引进和培育国家级龙头企业 7 家，自治区级以上龙头企业达到 385 家，农产品加工转化率达 71%，农产品加工业产值与农业总产值的比达到 2∶1。

5. 农产品品牌越唱越响

贺兰山东麓葡萄酒、中宁枸杞、盐池滩羊分别位列 2022 年全国区域品牌（地理标志）百强榜第 9 名、第 12 名和第 35 名，盐池滩羊居畜牧类第 1 名，盐池滩羊肉成为 2022 北京冬奥会和冬残奥会指定食材，宁夏全区地理标志农产品保护工程考核成绩居全国第三位。

二、宁夏主要农作物种植概况

2022 年统计数据表明，宁夏全区农业总产值 455.6 亿元，其中种植业

产值占比 45% 以上。玉米播种面积 548.39 万亩，玉米产量 276.63 万 t，增长 5.0%，籽粒亩产达到 650 kg，新收获玉米一等品比例高、品质好，其中，不完善粒含量平均值均好于上年，一等品比例与上年基本持平。水稻播种面积 44.06 万亩，产量 23.66 万 t，亩产达到 575 kg，新收获稻谷食味品质评分表现好，全部达到优质稻谷品质，与上年持平，九成以上直链淀粉含量达标。小麦播种面积 122.03 万亩，平均亩产 224.2 kg，新收获小麦整体质量为近 5 年来正常水平，平均等级为二等，中等（三等）以上比例达到九成。

三、宁夏主要农作物生产存在的问题

随着农业产业转型升级，宁夏粮食作物产业也由产量型向质量型方向转变，目前，主要粮食作物种植过程还存在以下问题。

1. 缺乏引黄灌区主要粮食作物水肥施用评价，粮田氮磷减排情况不明

自 2005 年以来，我区实施测土配方施肥项目以来，粮食作物水肥利用效率均有所提高，但还缺乏粮食作物产量化肥施用量、灌溉量多年系统调查数据与评价，尚未开展减排技术措施调查和分析。

2. 引黄灌区粮田土壤氮磷养分淋失防控理论及其防控技术相对滞后

引黄灌区粮食作物小麦、玉米、水稻均有先施肥、后灌水水肥管理现象，这种水肥过量施用所造成的稻田田面水、土壤氮磷养分对地表水污染有多重？粮田（玉米、小麦）土壤氮磷养分淋失污染到底有多重？粮田（玉米、小麦）土壤氮磷养分累积状况如何？如何控制粮田氮磷面源污染？以上这一系列问题，引起广泛关注。因此开展粮田土壤养分氮磷淋失机理及粮田土壤养分氮磷阻控技术方面研究，提高化肥利用率，揭示粮田土壤养分氮磷淋失规律，提出氮磷淋失阻控技术，是十分重要而迫切的。

3. 质量效益较低

近年来，随着农资价格高位运行，农机作业、人工成本持续上升，据测

算，2022年我区小麦、水稻亩均分别亏损172.7元、13.9元，籽粒玉米、马铃薯、小杂粮亩均收益仅分别为383.1元、325.7元、142.0元。与种植蔬菜、青贮玉米等作物相比，质量效益较低。

针对以上问题，以宁夏主要粮食作物为监测对象，我们开展宁夏各县（市、区）农业基本情况调查、统计与评价、宁夏粮田氮磷面源污染流失规律及其主要影响因素等研究，探明宁夏粮田不同农业管理措施的氮磷流失量、淋溶发生规律，明确影响粮田氮磷流失主要影响因素，创新性提出主要粮食作物绿色生产高产高效技术体系，形成的研究成果对保障宁夏粮食安全及可持续发展和农田生态环境保护具有重要意义。

第二节　宁夏引黄灌区农田氮磷面源污染防控技术研究

一、研究内容

（一）宁夏农业基本情况调查与分析评价

1. 宁夏各县（市、区）农业基本情况调查统计

为了解宁夏全区22个县（市、区）历年来农业基本情况基础数据，我们结合测土配方和宁夏第二次污染源种植业源污染项目，摸清宁夏各县（市、区）作物生产基本情况及肥、药投入动态变化规律，为宁夏种植业氮磷流失数据库构建提供数据支撑。

2. 宁夏种植业县级基本情况调查

按照农业农村部第二次全国污染源普查《种植业氮磷流失量抽样调查技术方案》的要求，开展县（区、市）名称、农户数量、农村劳动力人口数量、耕地和园地面积、规模种植主体的数量及面积、主要作物播种面积等项目调查，摸清宁夏两大分区10类模式农业生产基本情况，为宁夏各县（市、区）农业高质量发展提供技术依据。

3. 宁夏引黄灌区种植业典型地块抽样调查

按照农业农村部第二次全国污染源普查《种植业氮磷流失量抽样调查技术方案》的要求，开展典型地块抽样调查表的肥、药投入情况调查，摸清宁夏引黄灌区种植业典型地块肥、药投入基本情况，明确各类种植模式面积、氮磷施用量基础数据，为宁夏各县（市、区）农业肥、药合理投入及农田土壤氮磷流失监测试验点水肥参数确定提供科学依据。

（二）稻田氮磷流失面源污染防控技术研究

1. 宁夏引黄灌区稻田氮磷流失动态变化规律研究

针对宁夏引黄灌区水稻氮磷肥投入过多，氮磷流失特征尚不清楚的问题，在宁夏引黄灌区选择具有代表性的相对封闭的稻旱区域作为试验监测区，对监测区在灌溉期间的灌水、排水量和氮磷含量进行连续监测及分析，摸清宁夏引黄灌区稻田氮磷流失特征和规律，为宁夏引黄灌区稻田控制氮磷流失提供科学依据。

2. 水稻水肥生态耦合氮磷调控技术研究

针对宁夏引黄灌区水稻水肥投入不合理造成的面源污染加剧的问题，采用田间试验、室内分析与生物统计的方法，从灌水量和施氮量两个因子入手，以水稻节水和控制氮肥流失为目标，探讨不同水氮条件下的水稻产量、吸氮量及水氮利用效率的变化规律。

3. 基于叶绿素仪诊断值的水稻推荐施氮技术研究

针对农民在水稻生长期间盲目追施氮肥造成氮素流失的问题，采用田间试验、室内分析与生物统计的研究方法，使用叶绿素 SPAD 速测诊断氮素养分状况，判断水稻氮素营养是否亏缺，提出引黄灌区水稻生长关键生育期内的氮素养分诊断指标，指导农民适时、适量地追施氮肥，满足水稻生长需要并达到控制氮肥流失的目的。

4. 基于宁夏旱直播水稻有机无机配施的化肥减量技术

针对西北旱直播水稻有机肥施用量少，稻田土壤有机质含量较低等现状，增施有机肥，实现控制化肥施用量、水稻不减产的目标。通过田间试验揭示引黄灌区水稻有机无机配施肥、减施肥机理及其调控途径，明确直播水稻化学肥料的消减机制，为宁夏引黄灌区直播水稻氮磷养分综合管理和化肥减量施用提供科学依据。

5. 基于水稻控释氮肥精准施用的化肥减施技术

选取当地市场上常见的成熟控释肥品种 2～3 种，结合水稻旱穴播机械开展农机农艺融合精准施肥技术研究，研究控释氮肥释放特征与水稻养分吸收规律的吻合性、在土壤—植株—水体内迁移规律、对水稻产量品质形成和养分流失的影响，为水稻优质高产和化肥合理减施提供依据。

（三）玉米田、小麦田氮磷流失面源污染防控技术研究

1. 玉米田、小麦田土壤氮磷淋失规律和主要影响因素

针对宁夏玉米田及小麦田存在无有效的农田氮磷流失定量方法、缺乏典型农田氮磷流失特征研究等问题，我们采用田间定位试验、监测取样与室内分析结合的方法，建立宁夏玉米田土壤氮磷淋失污染定位监测试验，针对宁夏引黄灌区开展玉米和小麦常规管理、优化施肥和综合优化管理等不同农业措施的玉米田及小麦田土壤的氮磷淋溶淋失量、流失规律及其主要影响因素进行研究，探明宁夏玉米田不同农业管理措施下的氮磷流失量、淋溶发生规律，明确影响玉米田、小麦田氮磷流失的主要因素，为宁夏主要粮田（玉米田、小麦田）土壤氮磷流失综合防控技术制定提供科学理论依据。

2. 不同农业措施对玉米和小麦产量、氮磷养分吸收及其土壤氮磷养分累积的影响

采用定位试验、室内分析与生物统计相结合的方法，开展不同农业措施对玉米和小麦产量、氮磷养分吸收和土壤养分累积的影响研究，摸清不同水肥措施对玉米和小麦氮磷养分累积、产量影响的规律，揭示不同水肥措施对玉米田和小麦田土壤无机氮残留、有效磷累积周年动态变化规律，为宁夏典型农田氮磷流失综合防控技术的提出提供科学理论依据。

（四）宁夏引黄灌区农田氮磷面源污染防控关键技术与应用

以常规水肥管理为对照，从控制氮磷流失环境效益角度、稳产（增产）经济效益角度评价和便于农户接受和操作社会效益角度，综合评价不同优化管理、综合优化措施效果，构建宁夏典型农田氮磷面源污染综合防控技术模式；按照边试验、边示范工作思路，开展示范应用，评价技术模式应用效果。

（五）宁夏主要作物施肥现状及氮磷流失监测与评价系统平台构建

1. 目的

将宁夏各县（市、区）种植业基本情况调查（面上调查）、减排情况调查、种植业典型地块抽样调查和典型农田氮磷流失监测试验（点上工作）有机融合，采用计算机大数据、智慧平台相结合方法，建立评价系统，对提出的典型农田氮磷面源污染综合防控技术的应用效果进行分析与研判；厘清各项综合防控技术典型农田氮磷流失总量；在施肥、产量现状评价基础上，采用深度学习方法，构建氮磷流失、适量氮磷投入与产量预测模型，评价并预测综合防控技术应用效果。

2. 评价系统构建方法

采用 3S 技术［遥感技术（RS）、地理信息系统（GZS）和全球定位系统（GPS）］、大数据分析技术基于 Web 端进行建设，在典型农田氮磷面源污染监测研究成果的基础上对宁夏农业面源污染数据进行整理录入、集中管理、统计分析，并且从不同角度对全区农业面源污染数据进行展示、分析和评价，以便更好地了解宁夏农业面源污染的趋势和状况，对典型农田氮磷流失面源污染防治提供决策支持。平台具备准确的数据监测、丰富的数据分析、高效的大数据挖掘能力以及完善的运维机制。

二、研究方法

（一）宁夏农业基本情况调查与分析评价方法

1. 宁夏各县（市、区）农业基本情况调查统计

依托宁夏各县（市、区）技术推广部门，根据15年（2005—2019年）统计年鉴数据，开展对农业基本情况数据调查统计。

2. 宁夏种植业县级基本情况调查

按照农业农村部第二次全国污染源普查《种植业氮磷流失量抽样调查技术方案》的要求，全国耕地和园地面积之和超过1万亩的县（市、区、旗）均须开展调查，调查内容包括县（区、市、旗）名称、农户数量、农村劳动力人口数量、耕地和园地面积、规模种植主体的数量及面积、主要作物播种面积等。

3. 宁夏引黄灌区种植业典型地块抽样调查

按照农业农村部第二次全国污染源普查《种植业氮磷流失量抽样调查技术方案》的要求，开展5000份典型地块抽样调查表的肥、药投入情况调查，调查地块面积、产量、耕作方式、施肥、施药、灌溉、地膜、秸秆等相关信息。

（二）宁夏粮田氮磷面源污染等各项试验监测点基本情况

1. 宁夏水稻各项试验概况

（1）宁夏引黄灌区稻田氮磷流失试验监测区基本情况。

该试验监测区位于宁夏引黄灌区的青铜峡灌区的银川市灵武良种繁育场，该区域平均气温8～9 ℃，作物生长季节在4至9月，大于或等于10 ℃的积温为3 200～3 400 ℃，年平均降水量180～200 mm，而且集中在7至9月，年平均日照时间2 800～3 100 h，无霜期164 d，年平均蒸发量1 100～1 600 mm，属于典型的中温带大陆性气候。种植方式以一年一熟为主，种植的主要作物有水稻、春小麦、麦套玉米。根据宁夏引黄灌区灌溉期分为枯水期、丰水期，每年4月至11月为丰水期，11月至来年3月为枯水期。引

黄灌区内干旱少雨，基本没有次降水量在50 mm以上的天然降水，几乎没有径流产生。粮田氮磷面源污染主要在作物生长期间发生，由施肥灌水造成，因此，根据引黄灌区实际生产特点，每年5月至9月的丰水期内，为了满足各种作物正常生长需要，这一时期灌溉频繁、施肥量高。引黄灌区内氮磷流失主要是农田因施肥而大量残留的氮素和磷素随这一时期灌溉产生的径流或侧渗漏等作用进入排水渠，汇入总排水干沟，进入黄河。因此，应重点研究灌溉期间（5月至9月）引黄灌区农田氮磷流失面源污染。

试验监测区北纬38°03′58.04″～北纬38°04′37.32″，东经106°14′26.35″～东经106°15′51.85″，东南高，西北低，总高差为4 m左右，比降为1/1 000，监测面积116 hm²；2006年全部种植水稻（以下简称稻区），2007年种植水稻、小麦套玉米（简称稻旱区），2006年试验监测区内主要有两个监测点，在灌溉六支渠进水渠口处设置一个监测点（A），在排水支沟的出水口设置一个监测点B，2007年在稻旱区排水支沟稻旱交汇处增加了3个监测点，分别为C、D、E，其中C点为稻区与旱田交汇处，D点是旱田与稻区交汇处，E点为稻区与旱田交汇处（见图1-1）。

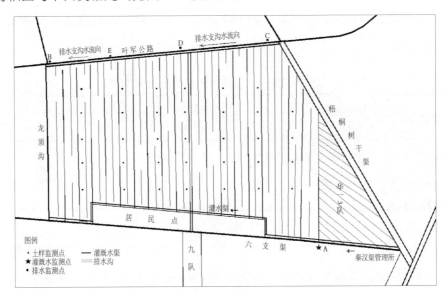

图1-1 宁夏引黄灌区灌排水试验监测区示意图

试验监测区在宁夏引黄灌区具有代表性，监测区支沟排水排入龙须沟后，下游排向黄河，所以对监测区支沟进行监测分析研究，了解一定区域尺度污染现状，对宁夏引黄灌区农业非点源污染现状具有重要的意义。

（2）水稻水氮耦合的生态氮磷调控技术田间试验基本情况。

该试验于 2005 年 5 月至 2006 年 10 月在银川市永宁县王太堡宁夏农林科学院农作物研究所进行。试验地土壤类型属于灌淤土，常年稻田，土壤肥力较高，0～20 cm 土壤基本理化性状见表 1-1。

表 1-1　试验地土壤基本理化性状（0～20 cm）

pH	有机质/ $(g \cdot kg^{-1})$	全氮/ $(g \cdot kg^{-1})$	全磷/ $(g \cdot kg^{-1})$	全钾/ $(g \cdot kg^{-1})$	全盐/ $(g \cdot kg^{-1})$	铵态氮/ $(mg \cdot kg^{-1})$	硝态氮/ $(mg \cdot kg^{-1})$	速效磷/ $(mg \cdot kg^{-1})$	速效钾/ $(mg \cdot kg^{-1})$
8.4	16.67	0.97	0.85	30.33	0.95	1.65	5.36	87.13	134.30

（3）叶绿素速测诊断的水稻推荐施氮技术各试验点基本情况。

该试验于 2007 年在宁夏引黄灌区粮食作物示范县的青铜峡、中卫、贺兰、平罗 4 个试验点进行，从表 1-2 可看出，整体看贺兰试验点土壤肥力高，平罗试验点和青铜峡试验点的土壤肥力一般，中卫试验点基础土壤肥力水平低。

表 1-2　各试验点土壤基础肥力状况（0～20 cm）

试验点	有机质/ $(g \cdot kg^{-1})$	全氮/ $(g \cdot kg^{-1})$	碱解氮/ $(mg \cdot kg^{-1})$	有效磷/ $(mg \cdot kg^{-1})$	有效钾/ $(mg \cdot kg^{-1})$
平罗试验点	17.10	0.95	64.30	22.10	145.00
贺兰试验点	—	1.40	87.70	68.00	267.00
青铜峡试验点	15.90	1.04	59.40	30.00	130.00
中卫试验点	12.50	0.84	69.30	15.60	109.00

（4）宁夏旱直播水稻有机无机配施化肥减量技术试验地基本情况。

该试验地设置在青铜峡市瞿靖镇瞿靖村三组，地理坐标为：106°04′95″ E，

38°62′12″ N，试验地土壤类型为灌淤土，质地壤土，地力均匀，灌排方便，前茬为水稻。年均降水量为 180 mm 左右，平均温度 8.9 ℃，全年无霜期165 d，年平均积温为 3 900 ℃。供试土壤耕层 20 cm 土壤理化性状：pH 为 8.3，全盐含量为 0.47 g/kg，有机质含量为 9.10 g/kg，全氮含量为 0.81 g/kg，速效氮含量为88.6 mg/kg，速效磷含量为 16.1 mg/kg，速效钾含量为 123.8 mg/kg，土壤肥力中等偏下。

（5）水稻控释氮肥精准施用化肥减施增效技术试验点基本情况。

该试验于 2017 年 4 月至 10 月在位于宁夏引黄灌区核心区的永宁县望洪镇增岗村裕稻丰生态农业科技有限公司种植基地进行，该区是典型的大陆性干旱气候，但因有灌溉反而成为水稻生产的有利因素。年日照时数在 2 868～3 060 h，年平均气温为 8.5～9.2 ℃，大于或等于 10 ℃积温在 2 900～3 400 ℃。稻区无霜期为143～160 d，年降水量平均在 200 mm 左右，降水少且分配不均，7、8、9 月降水量占全年的 60%～70%，整个水稻生长季节降水在 180 mm 左右，稻区年蒸发量在 1 600～2 000 mm。供试土壤耕层(0～20 cm)pH 为 8.21，容重为 1.43 g/cm³，有机质含量为 13.26 g/kg，全氮含量为 1.17 g/kg，速效氮含量为 82.30 mg/kg，速效磷含量为 26.31 mg/kg，速效钾含量为 167.44 mg/kg，供试水稻品种为宁粳 50 号，生育期 148 d。

2. 宁夏小麦田、玉米农田氮磷淋失试验监测点基本情况

（1）试验监测点布局。

根据宁夏引黄灌区粮食作物种植现状，本研究团队在农业农村部生态环境总站和自治区财政支农资金资助下，分别建立宁夏种植业氮磷流失国家级和自治区级试验监测点，共计 14 个，其中小麦 3 个，玉米 3 个，各试验监测点见表 1－3。

表 1-3 宁夏粮食作物氮磷流失试验监测点

监测作物	地点	经度	纬度	试验年限
小麦	平罗县渠口乡交济 2 队	106°33′52″E	38°51′58″N	2017—2022 年
玉米（重点监测点）	银川市永宁县作物所试验基地	106°65′47″E	42°32′28″N	2015 年至今
	惠农区礼和乡星火村	106°49′14″E	39°05′11″N	2015 年至今
玉米（一般监测点）	平罗县姚伏镇灯塔村	106°15′31″E	38°02′23″N	2015—2018 年
	吴忠市利通区东塔寺乡白寺滩村	106°28′08″E	38°02′23″N	2015 年至今

（2）各试验监测点土壤基础理化性状。

从表 1-4 可看出，宁夏小麦、玉米各试验监测点土壤肥力均处于高、中肥力水平。

表 1-4 各试验监测点土壤基础理化性状

地点（作物）	pH	有机质/ (g·kg⁻¹)	全氮/ (g·kg⁻¹)	有效磷/ (mg·kg⁻¹)	速效钾/ (mg·kg⁻¹)	硝态氮/ (mg·kg⁻¹)	铵态氮/ (mg·kg⁻¹)	土壤肥力
惠农（玉米）	8.38	14.66	0.87	23.02	101.48	10.67	2.27	中
平罗（玉米）	8.26	19.61	0.88	34.84	126.67	7.91	0.39	高
吴忠（玉米）	8.33	13.91	0.72	10.31	135.51	9.67	2.79	中
永宁（玉米）	8.04	16.55	0.91	18.79	171.53	21.18	2.26	高
平罗（小麦）	8.07	15.42	0.75	35.31	183.00	20.13	3.62	中

（三）各项水稻试验的材料与方法

1. 氮磷流失试验

（1）试验监测区内水的流量监测、样品的采集方法。

流量的监测方法：在作物灌溉期间的 5 月中旬至 9 月下旬，在试验监测区内各监测点每天定时进行水位、流速的监测，流速测定采用 ACM100-D 流速仪定时测定，水位测定采用 STS8370 自动水位计数仪定时定点测定，水位仪读数坚持每 15 d 左右用电脑提取数据观察水位变化。

流量计算公式如下。

$$流量 = 横截面积 \times 流速 \times 24\ h$$

其中,横截面积 = 渠(沟)宽 × 水位,流量单位为 m^3/d,流速单位为 m^3/h。

水样的采集方法:对试验监测区内各监测点每天定时取水样,水样用聚乙烯取样瓶封装好后,在 3～5 ℃冰箱中冷藏,待测。

试验监测区土样及作物测产方法:在 4 月底,试验监测区作物种植前采集基础土样,采用网格取样法,按照 200 m×200 m 样方取样,0～30 cm 层次,每个采样点均为 5 个点的混合样,合计 33 个土样;每个采样点均用 GPS 定位,水稻收获前按照前期土样定点,每点 2 m^2 样方测产,并取植株样进行氮磷养分测定。在收获后按照前期定点,采用同样方法进行土样采集。

(2)测定分析。

①水样测试分析项目与方法。

分析项目:总氮、铵态氮、硝态氮、总磷、可溶性总磷、溶解性无机磷。

分析方法:总氮采用过硫酸钾－紫外分光光度法,铵态氮含量测定采用靛酚比色法,硝态氮含量测定采用紫外分光光度法。总磷含量测定采用钼酸铵分光光度法;可溶性总磷含量测定时先将水样过 0.45 μm 水性滤膜,再用钼酸铵分光光度法进行测定;溶解性无机磷含量测定采用钼锑抗分光光度法。

②土样分析项目与方法。

分析项目:全盐、有机质、全氮、全磷、全钾、铵态氮、硝态氮、速效磷、速效钾。

分析方法:土壤有机质分析采用重铬酸钾法,全盐分析采用电导法,全氮分析采用开氏消煮法,无机氮的测试采用 0.01 mol/L 的 $CaCl_2$ 溶液 100 mL,并充分摇匀、振荡、浸提土壤溶液,利用流动分析仪测定土壤溶液中铵态氮和硝态氮含量。水分含量测定采用烘干法，总磷含量测定采用酸溶—钼锑抗比色法，速效磷含量测定采用碳酸氢钠法，土壤全钾和速效钾含量测定采用乙酸铵提取—火焰光度法。

2. 氮磷调控技术试验

(1) 试验设计。

试验采用裂区设计，主处理为 3 个灌水水平，灌水量分别为 1.2×10^4、1.8×10^4、2.4×10^4 m^3/hm^2，分别用 W_1、W_2 和 W_3 表示；副处理为 4 个施氮水平：0、120、180、240 kg (N) $/hm^2$，分别用 N_0、N_1、N_2 和 N_3 表示。

(2) 田间管理。

40% 氮肥用作基肥，60% 追肥，在水稻分蘖、抽穗和灌浆期分别进行追肥，分蘖肥、穗肥、灌浆肥比例为 7∶2∶1。磷肥全用作基肥，用量为 P_2O_5 120 kg/hm^2。氮肥品种为 46% 尿素，磷肥为磷酸二铵 (N 占 18%，P_2O_5 占 46%)。供试水稻品种为宁粳 28 号，栽培密度为 4.35×10^5 穴$/hm^2$。每个小区面积为 56 m^2 (7 m×8 m)，每个处理重复 3 次。

(3) 样品采集、测定与数据分析。

①灌水量的测定：采用 15 cm×45 cm 无喉道量水堰，在水稻生长期间测定记录主处理各处理每次的灌水量，并使用相关软件换算每次各处理的实际灌水量。

②水稻收获时，按照不同小区取水稻植株样考种，取样方为 3 m^2/小区，折算小区生物量。同时取植株样分析全氮含量 (籽粒和秸秆)，计算地上部氮素累积量。

③室内分析测试方法：土壤容重测定采用重量法，土壤有机质含量测定采用重铬酸钾法，pH 测定采用 pH 计法，全盐含量测定采用电导法，土壤全氮含量测定采用 $H_2SO_4 - H_2O_2$ 消煮、凯氏定氮法，土壤水分含量测定采用烘干法，土壤全磷含量测定采用钼锑抗比色法，钾的含量测定采用火焰光度法。

④氮效率和灌水利用率计算公式。

$$氮肥利用率（\%）=（UN-N0）/FN×100\%$$

$$氮肥生理利用率（\%）=（YN-Y0）/（UN-N0）$$

$$氮肥农学利用率（\%）=（YN-Y0）/FN$$

$$氮肥偏生产力（\%）=YN/FN$$

$$灌水生产率（kg/m^3）=籽粒产量/灌水量$$

式中，Y0、N0代表不施氮小区作物籽粒产量和地上部总吸氮量；YN、UN代表施氮小区作物籽粒产量和地上部总吸氮量；FN代表施氮小区的氮肥用量。

3. 叶绿素速测诊断推荐施氮技术

（1）试验设计。

选择"3414"试验中 1、2、3、6、11 各处理（见表 1-5），分别在每次追施氮肥前，在水稻分蘖—拔节前，拔节—孕穗前期、孕穗—抽穗前期，采用日本产 SPAD-502 叶绿素仪测定水稻剑叶叶绿素值。

（2）田间管理。

各试验点所用氮肥为尿素（N，46%），磷肥为重过磷酸钙（P_2O_5，46%），钾肥为硫酸钾（K_2O，50%）。70%～75%的氮肥和磷、钾肥基施，25%～30%的氮肥分两次追施，供试土壤为灌淤土、质地为壤土，各试验点小区面积为 54 m^2。

表 1-5 水稻"3414"田间试验完全实施设计方案

处理编码	处理	施肥量/（kg·hm⁻²）		
		N	P_2O_5	K_2O
1	$N_0 P_0 K_0$	0.0	0.0	0.0
2	$N_0 P_2 K_2$	0.0	90.0	75.0
3	$N_1 P_2 K_2$	105.0	90.0	75.0
4	$N_2 P_0 K_2$	210.0	0.0	75.0

续表

处理编码	处理	施肥量/（kg·hm^{-2}）		
		N	P$_2$O$_5$	K$_2$O
5	N$_2$P$_1$K$_2$	210.0	45.0	75.0
6	N$_2$P$_2$K$_2$	210.0	90.0	75.0
7	N$_2$P$_3$K$_2$	210.0	135.0	75.0
8	N$_2$P$_2$K$_0$	210.0	90.0	0.0
9	N$_2$P$_2$K$_1$	210.0	90.0	37.5
10	N$_2$P$_2$K$_3$	210.0	90.0	112.5
11	N$_3$P$_2$K$_2$	315.0	90.0	75.0
12	N$_1$P$_1$K$_2$	105.0	45.0	75.0
13	N$_1$P$_2$K$_1$	105.0	90.0	37.5
14	N$_2$P$_1$K$_1$	210.0	45.0	37.5

（3）样品采集与测定。

①各试验点土壤基础肥力分析项目及方法。

分析项目：全盐、有机质、全氮、全磷、全钾、铵态氮、硝态氮、碱解氮、速效磷。

分析方法：土壤有机质测定采用重铬酸钾法，土壤全氮采用 H$_2$SO$_4$－H$_2$O$_2$ 消煮、凯氏定氮法测定，土壤水分含量采用烘干法测定，碱解氮采用 NaOH 水解 FeSO$_4$ 还原法测定，有效磷采用碳酸氢钠法测定；有效钾采用乙酸铵提取—火焰光度法测定。

②叶绿素诊断时间与方法。

分别在每次追施氮肥前，在水稻分蘖—拔节前，拔节—孕穗前期、孕穗—抽穗前期，采用日本产 SPAD－502 叶绿素仪测定水稻剑叶叶绿素值，在每个试验小区中定 3 个点，每个点定 10 穴，每间隔 10 d 用 SPAD—502 叶绿素仪对长势相同、无损伤的最上部完全展开叶（顶 2 叶）的中上部进行测定

（陈防等 1996），而在孕穗后，剑叶作为测定部位，每个点每次测 30 片叶片，取平均值。

4. 旱直播水稻有机无机配施化肥减量技术

（1）试验设计。

试验采用随机区组设计，共设 5 个处理，分别为 T1，对照，施用有机肥 3 000 kg/hm²；T2，常规施肥；T3，氮肥减量 10%，施有机肥 3 000 kg/hm²；T4，氮肥减量 20%，施有机肥 3 000 kg/hm²；T5，氮肥减量 30%，施有机肥 3 000 kg/hm²。各处理有机肥和磷钾肥均作基肥在整齐前一次施入，氮肥 40% 基肥施用，24% 返青期追施，36% 分蘖期追施。试验各处理具体施肥量见表 1-6。

表 1-6 试验各处理具体施肥量统计表

处理	施肥量/（kg·hm⁻²）			
	有机肥	N	P_2O_5	K_2O
T1	3 000	0	120	30
T2	0	270	120	30
T3	3 000	243	120	30
T4	3 000	216	120	30
T5	3 000	189	120	30

（2）田间管理。

试验于 2018 年 4 月至 10 月进行，种植方式为旱直播后上水。供试化学肥料尿素为中国石油宁夏石化公司生产，N 含量为 46%；磷肥用重过磷酸钙，为云南三环化工有限公司生产，P_2O_5 含量为 46%；钾肥用硫酸钾，为青海盐湖钾肥有限公司生产，K_2O 含量为 50%；有机肥为宁夏嘉农环保公司生产，其中有机质含量 ≥45%，总养分（N + P_2O_5 + K_2O）≥5%。供试水稻品种为宁粳 50。

小区间筑埂 50 cm 宽隔离，防止串灌，按垂直于小区方向开挖一条专用灌水渠，按小区灌水，小区面积为 60 m²，重复 3 次，随机区组排列。各处理 4 月 10 日施基肥，4 月 11 日播种，4 月 28 日上第一水，9 月 25 日收获。水稻生育期间田间除草和管理按照农户习惯进行。

（3）样品采集和数据分析。

水稻收获时采集植株样品，每小区随机取 1 m²，测定株高、穗长、枝梗数、结实粒、空秕率、千粒重、理论产量等，小区实打实收计算水稻产量。数据处理采用 EXCEL 和 SAS（8.0）软件，方差分析采用 LSD 检验。

5. 水稻控释氮肥、精准施用化肥减施增效试验

（1）试验设计。

采用随机区组设计，设置 6 个处理，分别为 CK（不施用氮肥）、FP（农民常规施肥处理）、C－135（控释氮肥 N 用量 135 kg/hm² 全量基施）、C－180（控释氮肥 N 用量 180 kg/hm² 全量基施）、C－225（控释氮肥 N 用量 225 kg/hm² 全量基施）、C－270（控释氮肥 N 用量 270 kg/hm² 全量基施）。详见表 1－7。

表 1－7　各处理施肥量及肥料施用方法

处理	施肥量/（kg·hm⁻²）			肥料施用方法	
	N	P₂O₅	K₂O	氮肥	磷、钾肥
CK	0	90	90	—	基施
FP	300	90	90	60%基施，20%分蘖肥，20%孕穗肥	基施
C－135	135	90	90	全量基施	基施
C－180	180	90	90	全量基施	基施
C－225	225	90	90	全量基施	基施
C－270	270	90	90	全量基施	基施

（2）田间管理。

全部磷、钾肥在整田时作基肥施入，其中磷肥用重过磷酸钙（P_2O_5 含量为 46%），钾肥用氯化钾（K_2O 含量为 60%），控释氮肥在水稻插秧时用插秧机上自带的施肥装置作为基肥一次性施入。农民常规处理为 60% 的氮素肥料在整地时基施，生育期氮肥在水稻分蘖期和孕穗期平均分成 2 份做追肥施入。控释氮肥全氮含量为 44%。

水稻插秧株距×行距为 12 cm×30 cm，小区面积为 108 m²（7.2 m×15 m），各处理重复 3 次，随机区组排列。各小区之间田埂在试验开始前用塑料棚膜隔离，塑料棚膜埋深 60 cm，防止各小区之间串水、串肥，各小区均设置有单独的灌水口和排水口，水稻生育期间单排单灌。各处理生育期间田间除草和农事管理均按照常规处理进行。

（3）样品采集、测定与数据分析。

在各小区分别埋植自行设计的稻田淋溶水取样装置（ZL200920222111.1），采集 20 cm、60 cm 和 100 cm 深度的淋溶水，同时用注射器随机采集中上层 3 个点位的田面水混合样品。水稻收获时每小区采集 1 m² 的水稻植株样品，在 70 ℃ 杀青 20 min 以后，于 105 ℃ 烘干至恒重，用于测定秸秆和籽粒中全氮含量，计算水稻的秸秆生物量、籽粒产量和氮素养分利用率。

植株全氮含量用凯氏定氮法测定，水样中总氮含量用过硫酸钾－紫外分光光度法测定（鲍士旦，2000）。

氮素渗漏量按照以下公式计算（刘汝亮 等，2018）。

$$P = \sum_{i=1}^{n} Ci \times Vi$$

式中，P 为氮素淋失量，Ci 为第 i 次淋溶水中氮的浓度，Vi 为第 i 次淋溶水的体积。

氮素利用率按以下公式计算。

氮素利用率 =（施肥处理吸氮量－对照吸氮量）/施氮量

数据处理采用 EXCEL 和 SAS（8.0）软件，方差分析用 Duncan 新复极差法检验。

（四）小麦、玉米田土壤氮磷淋失各项试验的材料与方法

1. 试验设计

玉米重点监测试验点采用单因素随机区组设计，设置 6 个处理（见表 1-8），分别为 CK（空白对照）、CON（常规处理）、KF（减施化肥）、BMP1（优化处理 1，节水控灌 + 减施化肥）、BMP2（优化处理 2，节水控灌 + 有机肥配施化肥）、BMP3（控释肥），其中 KF、BMP1、BMP2 和 BMP3 为优化施肥处理，每个处理重复 3 次。

表 1-8　玉米重点试验监测点不同施肥处理描述

处理	施肥量/（kg·hm^{-2}）					灌溉量
	N	P$_2$O$_5$	K$_2$O	有机肥	控释肥 N	
CK*（空白对照）	0	0	0			
CON	420	150	45			常规灌溉
KF	360	105	45			
BMP1	360	105	45			比常规灌溉量减少30%
BMP2	300	75	0	3 000		
BMP3	135	90	0		135	常规灌溉

注：* 2020 年增加。

小麦田、玉米田氮磷流失试验一般监测点，采用随机区组设计，设置 3 个处理。处理 1，CON（常规对照）：施肥、耕作、灌溉、秸秆覆盖或还田等农艺措施完全参照当地农民生产习惯。处理 2，KF（主因子优化）：将农民习惯施肥设为常规处理，将优化施肥设为该模式的主因子优化处理。处理 3，BMP（综合优化）：除主因子、1～2 项辅助因子与常规对照不同以外，其他农艺措施均与常规处理保持一致。处理重复 3 次，共计 9 个小区，每个小区种植面积不小于 40 m²。玉米、小麦灌溉量减少 30%。详见表 1 - 9。

表 1 - 9　小麦、玉米不同施肥处理描述

单位：kg/hm²

地点	作物	CON			KF			BMP		
		N	P₂O₅	K₂O	N	P₂O₅	K₂O	N	P₂O₅	K₂O
惠农		450	150	30	375	120	30	375	120	30
平罗	玉米	525	120	15	420	75	45	420	75	45
吴忠		525	375	30	450	150	45	450	150	45
平罗	小麦	270	105	30	240	90	30	240	90	30

2. 田间管理

按照《农田面源污染监测方法与实践》要求进行田间监测小区建设、田间渗滤池装置及安装和样品的采集、分析与测试方法（刘宏斌　等，2015）。

严格按照农业农村部科教司《农田地下淋溶面源污染监测技术规范》记载地块基本信息以及进行作物栽培、耕作、灌溉、施肥、施药、土样、植株样和淋溶水样提取工作。

玉米重点监测试验点，每个小区面积 48 m²。具体施肥、灌水日期及用量见表 1 - 10。有机肥为商品鸡粪（N 含量≥2.1%），氮肥选用普通尿素（含 N 46%），磷肥为重过磷酸钙（含 P₂O₅ 46.0%），钾肥为硫酸钾（含 K₂O 50%），控释肥为包膜尿素（总养分≥42%），每次的灌溉量用水表来计量；玉米品种选用先玉 335，株距 25 cm，行距 60 cm，亩栽培密度为 5 500 株左右。2015—2020 年具体田间管理记载见表 1 - 11。

小麦每年 3 月中旬种植，7 月中旬收获，全年灌 4 次水，常规灌溉每次灌水量为 1 050 m³/hm²，详见表 1 - 12。

表 1－10　玉米重点试验监测点施肥、灌水日期及用量统计表（2016—2018 年）

处理	2016 年					
	4 月 13 日	6 月 9 日	6 月 13 日	7 月 14 日	7 月 18 日	11 月 3 日
	基肥 N 量/ (kg·hm⁻²)	追 N 量/ (kg·hm⁻²)	灌水量/ (m³·hm⁻²)	追 N 量/ (kg·hm⁻²)	灌水量/ (m³·hm⁻²)	灌水量/ (m³·hm⁻²)
CON	315	105	1 300	105	1 300	1 800
KF	270	90	1 300	90	1 300	1 800
BMP1	180	—	910	—	910	1 800
BMP2	270	90	910	90	910	1 260
BMP3	225	75	1 300	75	1 300	1 260

处理	2017 年					
	4 月 11 日	6 月 14 日	6 月 18 日	7 月 11 日	7 月 15 日	11 月 13 日
	基肥 N 量/ (kg·hm⁻²)	追 N 量/ (kg·hm⁻²)	灌水量/ (m³·hm⁻²)	追 N 量/ (kg·hm⁻²)	灌水量/ (m³·hm⁻²)	灌水量/ (m³·hm⁻²)
CON	315	105	1 300	105	1 300	1 800
KF	270	90	1 300	90	1 300	1 800
BMP1	180	—	910	—	910	1 800
BMP2	270	90	910	90	910	1 260
BMP3	225	75	1 300	75	1 300	1 260

处理	2018 年					
	4 月 17 日	6 月 11 日	6 月 15 日	7 月 15 日	7 月 19 日	11 月 5 日
	基肥 N 量/ (kg·hm⁻²)	追 N 量/ (kg·hm⁻²)	灌水量/ (m³·hm⁻²)	追 N 量/ (kg·hm⁻²)	灌水量/ (m³·hm⁻²)	灌水量/ (m³·hm⁻²)
CON	315	105	1 300	105	1 300	1 800
KF	270	90	1 300	90	1 300	1 800
BMP1	180	—	910	—	910	1 800
BMP2	270	90	910	90	910	1 260
BMP3	225	75	1 300	75	1 300	1 260

表 1－11 2015—2020 年玉米重点监测试验点（望洪）种植、收获、施肥、灌溉时期统计表

种植日期	收获日期	施肥时间	灌溉时间	淋溶水取样时间
		2015－05－21	2015－06－15	2015－06－18
		2015－06－06	2015－06－22	2015－06－25
2015－05－25	2015－10－09		2015－07－11	2015－07－15
			2015－08－08	2015－08－13
			2015－09－20	2015－09－22
			2015－11－02	2015－11－09
		2016－04－21		
2016－04－26	2016－09－20	2016－06－20	2016－06－20	2016－06－28
		2016－07－20	2016－07－20	2016－07－28
			2016－11－26	2016－12－01
		2017－04－21	2017－05－10	2017－05－16
2017－04－22	2017－09－06	2017－06－17	2017－06－18	2017－06－22
		2017－07－25	2017－07－28	2017－08－04
			2017－11－13	2017－11－18
		2018－04－10		
2018－04－17	2018－09－11	2018－06－15	2018－06－15	2018－06－21
		2018－07－18	2018－07－18	2018－07－25
			2018－11－05	2018－11－10
		2019－04－10		
2019－04－17	2019－09－09	2019－06－19	2019－07－04	2019－07－10
		2019－07－23	2019－07－23	2019－07－31
			2019－11－12	2019－11－18
		2020－04－09		
2020－04－11	2020－09－05	2020－06－01	2020－06－04	2020－06－16
		2020－07－15	2020－07－18	2020－07－24
			2020－11－18	2020－11－25

表 1-12 小麦氮磷流失试验监测点种植记录

作物 (地点)	年度 /年	灌溉 方式	耕种记录		灌溉记录				播量、密度
			种植	收获					
小麦 (平罗)	2018	漫灌	3月2日	7月9日	5月12日	5月25日	6月29日	11月10日	375 kg/hm²、 705 万株/hm²
	2019		2月28日	7月11日	5月10日	5月30日	7月3日	7月25日 11月12日	
	2020		2月26日	7月12日	5月1日	5月29日	8月6日	11月20日	
	2021		2月21日	7月5日	5月3日	5月17日	7月20日	11月05日	
	2022		3月5日	7月14日	5月24日	7月16日	7月21日	11月22日	

3. 样品采集方法、时间及测试指标

(1) 水样采集方法、时间及测试指标。

① 淋溶水样采集方法、时间及测试指标：每次灌水后 2~4 d 内，通过抽液管向内鼓气同时监听声音变化，来判断检查淋溶液收集桶有无淋溶液，抽出淋溶桶中的全部淋溶液，并记录每次抽取的淋溶液总量；测试指标有总氮、硝态氮、铵态氮、总磷等。

② 降水样和灌水样采集方法、时间及测试指标：可用雨量器来收集和计量降水雨样；取每次降水的全过程样（从降水开始至结束），若 1 天中有几次降水过程，可合并为 1 个待测样品。若遇几天内降雨过程连续，可收集上午 8 时至次日上午 8 时的降水，即 24 h 降水样品作为 1 个待测样品。单次（日）降水量超过 5 mm 时，单独取样，单独保存，单独测试。每次灌水均需单独采集灌水样，每个灌水样不少于 500 mL，规范编写编号；降水样和灌水样测试指标包括总氮、可溶性总氮、硝态氮、铵态氮、总磷、可溶性总磷、pH。

(2) 土壤样采集方法、时间及测试指标。

试验开始前，在挖土壤剖面的同时，分 0~20 cm、20~40 cm、40~60 cm、60~80 cm 和 80~100 cm 采集、制备基础土壤样品，确保 0~20 cm 土壤样品总量不少于 10.0 kg，其余层次土壤样品不少于 1.0 kg。在田间渗滤池建设过程中，进行土壤剖面观察，经简单处理后，详细描述、记录土壤剖面；试验期间每年采样 1 次，均在秋季作物收获后（9 月至 11 月）进行，采用土钻多点、混合采集各小区 0～20 cm、20～40 cm、40～60 cm、60～80 cm 和 80～100 cm 土壤样品。新鲜土壤样品测试指标有土壤含水率、硝态氮含量和铵态氮含量；风干样品测试指标包括有机质、全氮、全磷、有效磷、有效钾含量和 pH 等。

（3）植物样采集方法、时间及测试指标。

按经济产量部分（如籽实）和废弃物部分（如茎叶）分别采集、制备植物样品。经济产量部分：记录每个小区经济产量，多点混合采集、制备籽实样品，烘干样品重量不少于 0.5 kg。废弃物部分：记载每个小区废弃物（一般作物为秸秆，块根、块茎类作物为叶片等）产量，多点混合采集、制备废弃物样品，烘干样品重量不少于 0.5 kg。含水率较高的蔬菜作物或废弃物部分：每个小区最终制备的烘干样品重量不少于 200 g。植物样品测试指标包括植株含水率、全氮、全磷和全钾含量。

4. 数据分析统计方法

试验数据采用 EXCEL 及 SPSS21.0 进行统计分析，多重比较采用 LSD 法检验。

第三节 宁夏农业发展概况

一、宁夏农业基本情况、农作物种植、水肥投入及产量调查

1. 宁夏农业基本情况调查结果及分析

从表 1－13 可看出，在宁夏全区农村人口情况方面，农户总数为 101. 19 万户，其中引黄灌区、山区分别占 72. 0%、28. 0%，全区劳动力人口为 213. 76 万人，其中引黄灌区、山区分别占 74. 5%、25. 5%。在农业生产资料投入方面，宁夏全区化肥投入 92. 99 万 t，其中引黄灌区、山区分别占 79. 7%、20. 3%，氮肥折纯 N 投入量为 34. 19 万 t，占全区化肥投入总量

36.8%，其中引黄灌区、山区分别占 89.5%、10.5%，含氮复合肥施用折纯量为 12.42 万 t，占全区 13.4%，其中引黄灌区、山区分别占 88.5%、11.5%。全区农药使用量为 32.53 万 t，其中引黄灌区、山区分别占 99.96%、0.04%。以上数据说明引黄灌区农业人口、农业生产资料投入比例较大，占将近 75%，南部山区仅占约 25%。

从规模种植主体情况来看，宁夏全区规模种植面积 720.03 万亩，其中粮食作物面积占 59.2%，经济作物面积占 11.6%，蔬菜及瓜果面积占 19.2%，园地面积占10.0%;规模化种植面积按地区来分，引黄灌区、山区分别占 55.2%、44.8%，粮食作物面积中引黄灌区、山区分别占 38.8%、61.2%，经济作物面积中引黄灌区、山区分别占 58.8%、41.2%，蔬菜及瓜果面积中引黄灌区、山区分别占 82.5%、17.5%。从耕地和园地总面积来看，宁夏全区耕地和园地总面积为 1719.86 万亩，引黄灌区、山区分别占 65.9%、34.1%，耕地面积 1326.89 万亩，占总面积 77.2%，引黄灌区、山区分别占 74.4%、25.6%。耕地面积中旱地与水田分别占 77.3%，22.8%。菜田面积 169.77 万亩，引黄灌区、山区分别占 68.9%、31.1%。以上数据说明，宁夏粮食作物种植面积大，引黄灌区面积占比高于山区。

表 1-13　宁夏农业基本情况统计表（2017 年）

指标名称	计量单位	代码	引黄灌区	南部山区	全区
一、农村人口情况					
农户总数	户	01	728 736	283 217	1 011 953
农村劳动力人口	人	02	1591 732	545 913	2 137 645
二、农业生产资料投入情况					
化肥施用量	t	03	740 989.38	188 876.00	929 865.38
其中：氮肥施用折纯量	t	04	305 851.24	36 029.00	341 880.24
含氮复合肥施用折纯量	t	05	109 871.75	14 325.40	124 197.15
用于种植业的农药使用量	t	06	325 266.39	81.62	325 348.01

续表

指标名称	计量单位	代码	引黄灌区	南部山区	全区
三、规模种植主体情况					
规模种植主体数量	个	07	3 410	843	4 253
规模种植总面积	亩	08	3 976 270.01	3 224 000.00	7 200 270.01
粮食作物面积	亩	09	1 655 873.61	2 606 666.00	4 262 539.61
经济作物面积	亩	10	491 538.30	343 0340.00	834 572.30
蔬菜瓜果面积	亩	11	1 141 476.75	241 300.00	1 382 776.75
园地面积	亩	12	687 381.35	33 000.00	720 381.35
四、耕地与园地总面积					
不同坡度耕地和园地总面积	亩	13	11 334 919.90	5 863 733.00	17 198 652.90
平地面积（坡度≤5°）	亩	14	10 136 342.92	1 612 361.00	11 748 703.92
缓坡地面积（坡度5～15°）	亩	15	1 021 198.93	2 439 080.00	3 460 278.93
陡坡地面积（坡度＞15°）	亩	16	177 377.75	1 812 292.00	1 989 669.75
耕地面积	亩	17	9 878 633.70	3 390 290.60	13 268 924.30
旱地	亩	18	6 849 522.20	3 390 290.60	10 239 812.80
水田	亩	19	3 029 111.50	0.00	3 029 111.50
菜地面积	亩	20	1 169 821.20	527 870.00	1 697 691.20
露地	亩	21	832 104.36	464 659.00	1 296 763.36
保护地	亩	22	337 716.84	63 211.00	400 927.84
园地面积	亩	23	1 289 270.55	33 965.00	1 323 235.55
果园	亩	24	938 985.90	33 953.00	972 938.90
五、地膜生产应用及回收情况					
地膜生产总量	t	29	1 690.23	22 502.00	24 192.23
地膜年使用总量	t	30	202 495.90	8 556.95	211 052.85
地膜覆膜总面积	亩	31	1 449 283.83	367 910.00	1 817 193.83
地膜年回收总量	t	32	9 772.96	506 775.00	516 547.96

续表

指标名称	计量单位	代码	引黄灌区	南部山区	全区
地膜回收企业数量	个	33	29	4 105	4 134
地膜回收利用总量	t	34	6 492.28	185 991.00	192 483.28
六、作物产量	t	35	3 361 035.00	359 535.00	3 720 570.00
早稻	t	36	0.00	0.00	0.00
中稻和一季晚稻	t	37	742 000.00	0.00	742 000.00
双季晚稻	t	38	0.00	0.00	0.00
小麦	t	39	299 084.30	47 505.00	346 589.30
玉米	t	40	1 743 751.00	352 899.00	2 096 650.00
薯类	t	41	281 185.00	247 544.00	528 729.00
马铃薯	t	42	281 185.00	549 386.00	830 571.00
木薯	t	43	0.00	393 507.00	393 507.00
油菜	t	44	1 379.00	19 230.00	20 609.00
大豆	t	45	11 867.00	0.00	11 867.00
花生	t	48	584.00	0.00	584.00
七、秸秆规模化利用企业数量					
肥料化利用企业数量	个	50	9	107 325	107 334
饲料化利用企业数量	个	51	288	2 520	2 808
基料化利用企业数量	个	52	7	300	307
原料化利用企业数量	个	53	3	0	3
燃料化利用企业数量	个	54	3	0	3
八、秸秆规模化利用量	t	55	4 773 862.75	542 164.80	5 316 027.55
肥料化利用量	t	56	307 461.50	17 926.00	325 387.50
饲料化利用量	t	57	2 246 208.25	425 854.80	2 672 063.05
基料化利用量	t	58	10 233.00	14 434.00	24 667.00
原料化利用量	t	59	2 172 260.00	38 344.00	2 210 604.00
燃料化利用量	t	60	37 700.00	45 606.00	83 306.00

从地膜生产应用与回收数据来看，地膜生产量 2.42 万 t，引黄灌区、山区生产量分别占 7.0%、93.0%，地膜年使用量 21.1 万 t，引黄灌区、山区分别占 95.9%、4.1%，覆膜面积 181.72 万亩，引黄灌区、山区分别占 79.8%、20.2%，地膜年回收总量 51.65 万 t，引黄灌区、山区分别占 1.9%、98.1%。从秸秆利用情况来看，全区秸秆利用量为 531.6 万 t，引黄灌区、山区分别占 89.8%、10.2%，其中肥料化、饲料化、基料化、原料化和燃料化利用比例分别为 6.1%、50.3%、0.4%、41.6% 和 1.6%。以上数据说明，宁夏地膜回收率较低，南部山区回收情况较好，回收率大于引黄灌区。秸秆资源化利用主要以饲料化利用和原料化利用为主，这进一步表明，宁夏农业废弃回收和资源化利用率较低。

2. 宁夏粮食作物面积与产量动态变化趋势

从图 1-2 可看出，2006—2019 年宁夏三大粮食作物面积和产量动态变化情况。2006—2019 年，小麦面积呈现逐年减少趋势，与 2006 年相比，2019 年面积减少 25.02%，最低点在 2013 年，面积为 18.34 万 hm^2。小麦产量呈现逐年增加的趋势，与 2006 年相比，2019 年产量增加 13.5%；水稻面积趋于稳定，在 7.16 万～8.26 万 hm^2，2019 年面积在 7.89 万 hm^2，水稻产量也较稳定，在 0.76 万 kg/hm^2～0.85 万 kg/hm^2，产量最高点在 2007 年(0.85 万 kg/hm^2)。玉米面积逐年增加，与 2006 年相比，2019 年产量增加 61.75%，玉米产量逐年增加，与 2006 年相比，2019 年产量增加 22.16%。数据表明，近十几年来，宁夏三大粮食作物中玉米面积呈增加趋势，小麦面积呈减少趋势，水稻面积趋于稳定，小麦和玉米产量呈增加趋势，水稻产量较稳定，这说明宁夏粮食作物面积波动较大，产量较稳定，这与粮食作物价格相关性较高。

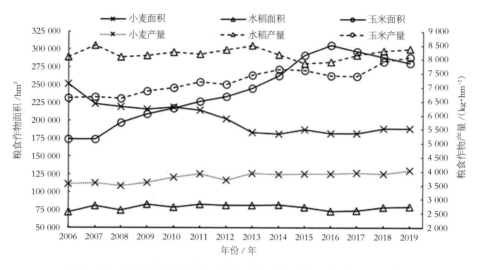

图1-2 宁夏主要粮食作物产量与面积动态变化（2006—2019年）

3. 宁夏主要农作物产量、水肥投入动态变化规律

（1）2006—2019年宁夏粮食作物平均产量与氮、磷、钾化肥施用量动态变化。

从图1-3可看出，2006—2019年，宁夏粮食作物各年份平均产量为6 422 kg/hm²，呈现先上升后下降再上升规律，2013年达到较高水平，为6 626 kg/hm²，然后再上升，2019年达到最高；粮食作物各年份平均氮肥施用量为313 kg/hm²，呈现逐渐下降趋势，从2006年的338 kg/hm²降到2019年的287 kg/hm²，减少了15.1%；粮食作物各年份平均磷肥施用量为127 kg/hm²，呈现逐渐下降趋势，从2006年的138 kg/hm²降到2019年的117 kg/hm²，减少了15.2%；粮食作物各年份平均钾肥施用量为26 kg/hm²，呈现逐渐上升趋势，2012年后趋于稳定，从2006年的26 kg/hm²增加到2019年的29 kg/hm²，增加了11.5%。以上数据表明，随着时间推移氮、磷肥施用量降低，但粮食作物产量并没有降低，还有所提高，钾肥施用量稳中有增。这也进一步表明，近年来，粮食作物种植管理水平提高，农机、农艺结合较紧密，作物产量和化肥利用率均有所提高。但是在粮食作物产量和施肥量方面，与发达国家及我国东部地区相比，我区粮食作物施肥量还是较高，产量潜力还未充分发挥出来，还需要从农田氮磷流失面源污染监测角度深入研究，加强粮田土壤氮磷养分淋失和气态损失阻控技术方面的研究。

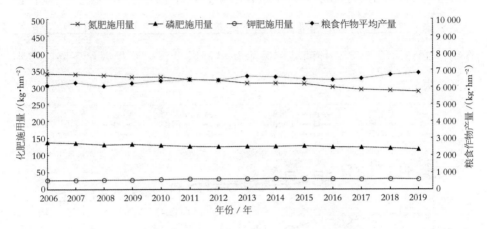

图 1-3　宁夏主要粮食作物平均产量与氮、磷、钾肥施用量动态变化（2006—2019 年）

（2）2006—2019 年全区粮食作物氮、磷、钾化肥施用量与灌溉量动态变化。

从图 1-4 可看出，在宁夏三大粮食作物氮、磷、钾化肥投入方面，2006—2019 年，小麦氮、磷化肥施用量呈现逐年减少趋势，钾化肥施用量趋于平稳，与 2006 年相比，2019 年氮、磷化肥施用量分别减少 13.01%、19.7%，小麦氮、磷、钾化肥平均施用量分别为 269 kg/hm²、112 kg/hm²和 17 kg/hm²；玉米氮、磷化肥施用量呈现逐年减少趋势，钾化肥施用量趋于平稳，与 2006 年相比，2019 年氮、磷化肥施用量分别减少 12.9%、9.9%，玉米氮、磷、钾化肥平均施用量分别为 382 kg/hm²、149 kg/hm²和 37 kg/hm²；水稻氮、磷化肥施用量呈现逐年减少趋势，钾化肥施用量趋于平稳，与 2006 年相比，2019 年氮、磷化肥施用量分别减少 19.6%、11.8%，水稻氮、磷、钾化肥平均施用量分别为 294 kg/hm²、121 kg/hm²和 33 kg/hm²。从宁夏三大粮食作物灌溉量动态变化来看，2006—2019 年，小麦灌溉量平稳下降，变化范围在 4.39 万～4.98 万 m³/hm²，平均灌溉量为 4.67 万 m³/hm²；玉米灌溉量平稳下降，变化范围在 4.87 万～6.05 万 m³/hm²，平均灌溉量为 5.47 万 m³/hm²；水稻灌溉量平稳下降，变化范围在 12.63 万～13.97 万 m³/hm²，平均灌溉量为 13.25 万 m³/hm²。以上数据表明，近十几年来，宁夏三大粮食作物氮、磷、钾化肥施用量和灌溉量呈下降趋势，这也进一步说明在宁夏粮食作物自 2015 年实施"一控两减三基本"措施以来，化肥投入量下降，节水灌溉效果显著。

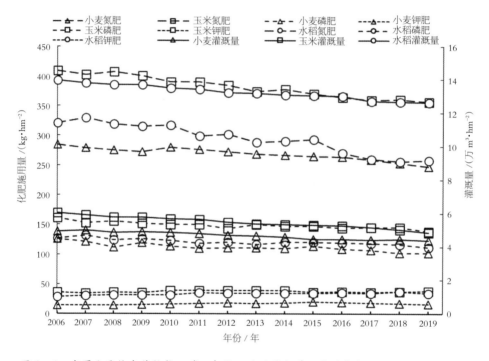

图 1-4　宁夏主要粮食作物氮、磷、钾化肥施用量与灌溉量动态变化（2006—2019 年）

二、宁夏种植业减排技术调查

1. 宁夏引黄灌区种植业减排技术调查结果分析

从表 1-14 可看出，引黄灌区西北干旱半干旱平原区单项减排措施涉及面积为优化施肥＞秸秆还田＞节水灌溉，优化施肥措施面积占模式面积比例为 45.6%，其中大田作物面积占 65.5%，单季水稻面积占 13.3%，秸秆还田单项减排措施面积占模式面积的 17.6%，其中大田作物面积占 75.5%，水稻面积占 23.6%；综合减排措施中水肥一体化面积较大，其次是其他措施面积。

表 1-14　西北干旱半干旱平原区主要种植模式及减排措施调查表

单位：万亩

模式名称	模式面积	单项减排措施面积						综合减排措施面积		
		优化施肥	节水灌溉	秸秆还田	免耕	绿肥填闲	植物篱	水肥一体化	免耕秸秆覆盖	其他
露地蔬菜	87.19	28.64	21.72	1.00	0.00	4.23	0.00	14.68	0.00	2.33
单季稻	11.43	47.93	7.45	33.33	0.00	0.40	0.00	0.00	0.00	3.14
大田作物	495.05	236.85	31.20	106.64	1.40	0.80	0.00	21.78	0.22	0.00
保护地	29.82	7.71	10.87	0.08	0.00	0.77	0.00	7.44	0.00	0.59
园地	75.82	40.34	13.30	0.14	0.00	0.10	2.00	5.02	0.00	0.62
合计	699.31	361.47	84.54	141.19	1.40	6.30	2.00	48.92	0.22	6.68

2. 宁夏南部山区种植业减排技术调查结果分析

按照农业农村部第二次全国污染源普查《种植业氮磷流失量抽样调查技术方案》的要求，将宁夏南部山区划为北方高原山地区。从表 1-15 可看出，北方高原山地区主要种植模式单项减排措施涉及面积为优化施肥＞秸秆还田，优化施肥措施面积占 45.3%，其中缓坡地—非梯田—横坡—大田作物面积占优化施肥总面积的 44.5%，缓坡地—梯田—大田作物面积占 21.4%。以上数据说明优化施肥面积不断扩大，这是近几年开展测土配方施肥成效的体现。

表 1-15　北方高原山地区主要种植模式单项减排措施调查表（南部山区）

单位：万亩

模式名称	模式面积	优化施肥	秸秆还田
缓坡地—非梯田—顺坡—大田作物	18.26	10.96	0.00
陡坡地—梯田—大田作物	22.16	8.86	4.43
陡坡地—非梯田—横坡—大田作物	27.72	11.07	0.00
缓坡地—梯田—大田作物	64.64	19.39	12.93
缓坡地—非梯田—横坡—大田作物	67.22	40.33	13.44
合　计	200.00	90.61	30.80

三、宁夏种植业典型抽样地块作物化肥投入及产量调查

1. 宁夏引黄灌区典型抽样地块化肥投入及作物产量调查结果分析

从表 1-16 可看出，引黄灌区典型抽样地块调查样本数为 2 975 个，主要分小麦、水稻、玉米、瓜果类蔬菜、茎根叶类蔬菜和苹果等 16 种作物，其中玉米、水稻和小麦样本数分别占 33.9%，19.3% 和 15.8%，瓜果类蔬菜、茎根叶类蔬菜和苹果样本数分别占 12.6%，6.0% 和 4.2%。各种作物平均产量 72.66 t/hm²，大豆产量最低，小麦、水稻和玉米平均产量分别为 5.90 t/hm²、8.66 t/hm²、11.55 t/hm²，差异较大；引黄灌区平均施氮、磷和钾量分别为 349.50 kg/hm²、309.00 kg/hm² 和 234.00 kg/hm²，平均施氮量最高的作物为籽用油菜，为 652.50 kg/hm²，施磷量最高的作物为茎根叶类蔬菜 493.50 kg/hm²，施钾量最高的作物为瓜果类蔬菜 437.40 kg/hm²，在粮食作物中水稻平均施氮、磷量较高，分别为 388.20 kg/hm²、245.85 kg/hm²，其次为玉米。以上普查数据表明，引黄灌区各作物产量差异较大，经济作物产量较高，粮食作物产量适中；氮、磷、钾化肥施用量差异较大，经济作物整体化肥施用量较大，粮食作物中水稻与玉米氮、磷、钾化肥施用量接近；从氮、磷、钾化肥施用量来看，各作物氮肥施用量适中，但磷、钾投入量明显偏大，尤其是粮食作物钾施用量较大，说明虽然近年来化肥施用量有所控制，但磷、钾化肥施用量还是偏大，尤其是钾化肥。

2. 宁夏南部山区典型抽样地块化肥投入及作物产量调查结果分析

从表 1-17 可看出，山区典型抽样地块调查样本数为 2023 个，主要分马铃薯、小麦、玉米、瓜果类蔬菜和茎根叶类蔬菜等 13 种作物，其中玉米、马铃薯和小麦样本数分别占 55.6%，15.2% 和 13.8%，其他粮食作物、其他油料作物和瓜果类蔬菜样本数分别占 5.4%，2.7% 和 2.7%。各种作物平均产量 10.79 t/hm²，瓜果类蔬菜最高，籽用油菜产量最低，小麦、马铃薯和玉米平均产量分别为 1.61 t/hm²、18.00 t/hm² 和 7.26 t/hm²，差异性较大；山区平均施氮、磷和钾量分别为 111.30 kg/hm²、103.50 kg/hm² 和 67.50 kg/hm²，

表1-16 宁夏引黄灌区各作物产量、施肥量统计表

作物名称	样本数	产量（t/hm²）			施纯N量（kg/hm²）			施纯P₂O₅量（kg/hm²）			施纯K₂O量（kg/hm²）		
		最大值	最小值	平均值	最大值	最小值	平均值	最大值	最小值	平均值	最大值	最小值	平均值
小麦	469	9.00	2.25	6.62	699.00	120.00	235.70	472.50	82.50	136.70	84.00	0.00	41.85
水稻	573	11.25	4.50	8.66	510.00	84.00	307.20	247.20	129.00	215.85	192.00	42.00	65.25
玉米	1 008	16.50	7.75	11.55	678.00	244.50	468.75	309.00	162.00	245.55	214.80	70.20	100.20
马铃薯	12	51.00	12.25	30.20	394.50	122.25	243.30	436.50	75.00	185.10	382.50	127.50	252.00
瓜果类蔬菜	376	210.00	3.00	79.73	2 025.00	337.50	745.05	990.00	157.50	501.75	842.25	242.10	468.89
茎根叶类蔬菜	178	180.00	1.32	63.93	1 920.00	528.00	689.55	1 162.50	237.00	493.35	1 680.00	434.10	599.40
葡萄	62	127.50	4.80	35.51	1 568.25	75.00	368.10	1 249.50	204.00	594.15	2 014.50	272.40	339.15
梨	6	39.00	3.75	23.24	613.50	184.50	316.95	1 057.50	165.00	397.95	787.50	462.00	539.25
桃	10	22.50	15.00	18.83	354.00	138.00	275.70	522.00	144.00	376.05	468.00	273.00	365.25
药材	14	10.50	0.75	3.36	367.50	8.10	151.35	435.00	13.50	121.80	472.50	34.50	107.85
籽用油菜	2	4.50	3.00	3.75	960.00	345.00	652.50	690.00	86.25	345.00	64.50	3.50	25.24
大豆	4	0.75	0.68	0.74	112.50	6.75	42.45	67.50	21.75	38.60	62.25	36.75	45.75
苹果	126	120.00	3.00	29.66	1 425.00	225.00	744.00	1 035.00	187.50	559.05	967.50	421.80	518.40
其他经济作物	63	187.50	4.50	45.12	834.00	280.50	537.90	458.25	162.90	333.15	939.00	247.50	351.30
其他果树	63	45.00	3.00	16.89	1 047.30	225.00	480.15	678.60	190.50	379.80	1 092.00	309.00	575.25
其他豆类	9	127.50	1.50	39.38	1 650.00	186.00	568.05	690.00	114.30	354.75	750.00	187.50	200.40
平均值		72.66	4.44	26.07	947.41	194.38	426.67	656.32	133.29	329.91	688.33	197.74	287.21

表1-17 宁夏南部山区各作物产量、施肥量统计表

作物名称	样本数	产量（t/hm²）			施纯N量（kg/hm²）			施纯P₂O₅量（kg/hm²）			施纯K₂O量（kg/hm²）		
		最大值	最小值	平均值	最大值	最小值	平均值	最大值	最小值	平均值	最大值	最小值	平均值
马铃薯	307	45.00	4.50	32.70	429.00	142.50	278.40	427.80	112.50	192.30	459.60	142.50	255.30
小麦	279	9.00	0.75	1.61	363.00	39.45	236.70	328.50	84.00	114.30	90.00	0.00	33.15
玉米	1 125	16.50	2.25	7.26	648.75	202.50	486.45	255.00	144.00	161.40	300.90	85.05	102.90
籽用油菜	25	5.25	2.75	3.12	671.00	121.25	423.95	472.50	121.50	358.65	90.00	3.00	20.25
大豆	3	1.50	0.90	1.12	125.00	10.70	51.50	75.00	21.50	35.20	75.00	27.00	48.00
药材	4	1.80	0.15	1.05	202.80	96.00	149.40	159.00	69.00	144.50	152.40	4.50	58.45
麻类	7	1.92	1.05	1.48	235.20	37.95	79.80	200.25	51.60	129.90	150.00	53.10	91.35
根茎叶类蔬菜	8	112.50	3.07	27.58	364.20	69.30	180.15	257.10	55.20	147.00	195.00	15.60	114.75
瓜果类蔬菜	54	225.00	14.25	75.22	373.50	30.00	237.90	555.00	24.00	215.40	225.00	26.50	180.30
其他豆类	18	2.25	0.22	1.20	280.25	63.20	76.50	90.00	5.60	45.60	30.00	8.70	11.25
其他经济作物	28	7.50	0.15	2.17	414.75	25.20	115.30	299.25	12.80	85.70	292.50	7.60	54.60
其他粮食作物	110	8.40	0.15	1.86	249.45	13.20	82.64	336.00	27.60	71.60	390.00	12.60	56.32
其他油料作物	55	2.70	0.30	0.94	217.50	17.50	92.70	385.50	28.30	81.50	157.50	27.80	57.61
平均		33.79	2.35	12.10	351.88	66.83	191.65	295.45	58.28	137.16	200.61	31.84	83.40

施氮、钾量最高作物为瓜果类蔬菜分别为 237.9 kg/hm²、180.3 kg/hm²，施磷量最高的作物为药材，为 228.75 kg/hm²；在粮食作物中玉米平均施氮量较高，为 186.45 kg/hm²，其次为马铃薯。以上普查数据表明，山区各作物产量差异较大，经济作物产量较高，粮食作物产量适中；氮、磷、钾化肥施用量差异较大，经济作物整体化肥施用量较大，粮食作物中马铃薯与玉米氮、磷、钾化肥施用量接近；从氮、磷、钾化肥施用量来看，各作物氮化肥施用量偏小，但磷、钾化肥施用量适中。从表 1−16 和表 1−17 可看出，引黄灌区各作物产量及氮、磷、钾化肥施用量明显高于南部山区。

四、小结

1. 摸清了宁夏各县（市、区）两大分区农业生产现状

宁夏引黄灌区农业人口、农业生产资料投入比例较大，占将近 75%，南部山区仅占 25%。宁夏耕地面积不大，粮食作物种植面积灌区小于山区，经济作物种植面积灌区大于山区。粮食作物产量差异较大，引黄灌区产量大于山区。宁夏地膜回收率较低，南部山区回收率大于引黄灌区，秸秆规模化利用主要以饲料化和原料化利用为主。

2. 查明了宁夏典型农田主要优势特色作物产量与氮、磷、钾化肥施用量动态变化特征，为指导宁夏不同优势特色作物合理施肥提供科学理论依据

近十几年来，宁夏三大粮食作物中玉米面积呈增加趋势，小麦面积呈降低趋势，水稻面积趋于稳定，小麦和玉米产量呈增加趋势，水稻产量较稳定，三大粮食作物氮、磷、钾施肥量和灌溉量呈下降趋势。从产量及氮、磷、钾施肥量方面比较，园艺作物＞设施蔬菜＞露地蔬菜＞粮食作物，枸杞＞酿酒葡萄＞黄瓜＞番茄＞芹菜＞玉米＞水稻＞小麦。

3. 初步调查了宁夏种植业氮磷减排技术基本情况，明确了农田氮磷流失面源污染防控技术重要性

引黄灌区西北干旱半干旱平原区单项减排措施涉及面积为优化施肥＞秸

秆还田＞节水灌溉，优化施肥措施面积占模式面积比例为 45.6%，秸秆还田单项减排措施面积占模式面积比例为 17.6%，综合减排措施中水肥一体化面积较大；北方高原山地区单项减排措施涉及面积优化施肥＞秸秆还田，优化施肥面积措施占 45.3%，其中缓坡地—非梯田—横坡—大田作物占 44.5%，缓坡地—梯田—大田作物占 21.4%。

4. 摸清了宁夏各县（市、区）两大分区 10 种种植模式化肥施用量和作物产量情况，为引黄灌区不同作物氮磷流失监测、水肥参数确定提供参考依据

引黄灌区各作物产量差异较大，经济作物产量较高，粮食作物产量适中，氮、磷、钾化肥施用量差异较大，经济作物整体化肥施用量较大，粮食作物中水稻与玉米氮、磷、钾化肥施用量接近；各作物氮化肥施用量适中，但磷、钾施用量明显偏大，尤其是粮食作物钾化肥的施用量较大。山区各作物产量差异较大，经济作物产量较高，粮食作物产量适中；氮、磷、钾化肥施用量差异较大，经济作物整体化肥施用量较大，粮食作物中马铃薯与玉米氮磷钾施用量接近；各作物氮化肥施用量偏小，磷、钾化肥施用量适中。

本章参考文献

鲍士旦，2000. 土壤农化分析 [M]. 北京：中国农业出版社.

陈防，鲁剑巍，1996. SPAD－502 叶绿素计在作物营养快速诊断上的应用初探 [J]. 湖北农业科学，2：31－34.

刘宏斌，邹国元，范先鹏，等，2015. 农田面源污染监测方法与实践 [M]. 北京：科学出版社.

刘汝亮，王芳，王开军，等，2018. 控释氮肥侧条施用对东北地区水稻产量和氮肥损失的影响 [J]. 水土保持学报，32 (2)：252－256.

第二章　宁夏引黄灌区玉米氮磷流失面源污染绿色防控技术研究

第一节　水肥协同调控对宁夏引黄灌区玉米田氮磷淋失量的影响

一、玉米田土壤氮磷淋失量发生规律

1. 不同水肥处理对玉米田淋溶量影响

（1）玉米田淋溶量动态变化规律。

从图 2-1 可看出，永宁望洪试验点玉米田在 BMP1 和 BMP2 处理下的淋溶量明显低于常规灌溉处理，2020—2022 年 3 年淋溶量动态变化规律表现出逐渐增高的趋势，冬灌最高，3 年 BMP1 处理淋溶量变化范围为 116.67～202.50 m^3/hm^2，BMP2 处理淋溶量变化范围 116.57～174.44 m^3/hm^2，CON 处理淋溶量变化范围为 116.67～270.83 m^3/hm^2。与 CON 处理相比，BMP1 处理淋溶量年际平均减少了 26.79%，BMP2 处理淋溶量年际平均减少了 32.49%。吴忠点 BMP 节水控灌处理淋溶量远远低于 CON 与 KF 两个常规灌溉处理，2018—2020 年 3 年中淋溶量动态变化规律表现先增高后降低再增高趋势，每年冬灌最高，其次是春季第 1 次灌溉，3 年 BMP 处理淋溶量变化范围为 158.06～223.33 m^3/hm^2，CON 处理淋溶量变化范围为 190.83～235.83 m^3/hm^2。与 CON 处理相比，BMP 处理淋溶量年际平均减少了 16.28%。以上数据表明，节水控灌处理与淋溶量有一定相关性，冬灌和第一次灌溉是玉米田淋溶量最高时期，节水控灌可有效控制玉米田淋溶量。

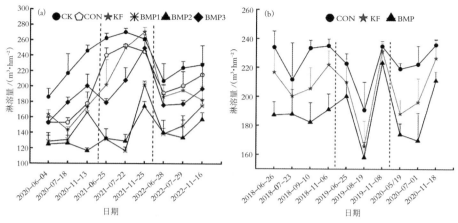

图 2-1 不同水肥处理下玉米田淋溶量动态变化规律

注：（a）为永宁望洪试验点；（b）为吴忠试验点。

（2）不同水肥措施下玉米田淋溶量。

图 2-2（a）结果表明，2015—2022 年每年各处理的淋溶量大小 CON＞KF＞BMP3＞BMP2＞BMP1，与 CON 处理相比，各处理差异显著，其他年份 BMP 处理的淋溶量差异不显著但均小于其他两个处理。另外，从图 2-2（b）可以看出，BMP2 和 BMP1 处理与其他 3 个处理的淋溶量差异显著，与 CON 处理相比，BMP1 处理累积淋溶量降低了 17.91%，BMP2 处理累积淋溶量降低了 27.29%，以上数据进一步说明节水控灌 BMP1 和 BMP2 处理可减少玉米田的淋溶量。

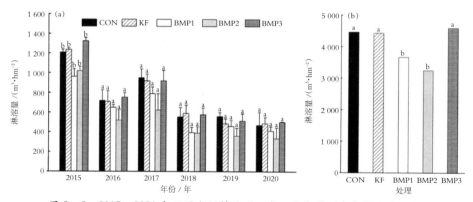

图 2-2 2015-2020 年不同水肥措施下玉米田淋溶量（永宁望洪试验点）

注：（a）为不同年份淋溶量；（b）为各年份累积淋溶量。误差条棒表示标准偏差，施肥处理间小写字母表示平均值之间的显著差异水平达 5%，下同。

图 2-3 显示，3 个试验点每年各处理的淋溶量大小均表现为 CON＞ KF＞BMP，BMP 较 CON 处理能显著降低淋溶量。2015—2022 年吴忠试验点淋溶量 CON、KF、BMP 处理变化范围分别在 491.25～902.78 m³/hm²、452.78～847.78 m³/hm²、385.89～801.17 m³/hm²，2018 年淋溶量最高；

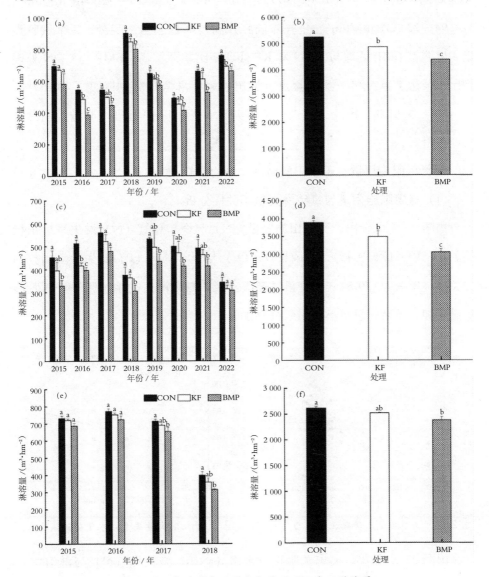

图 2-3　各试验点不同水肥处理下玉米田淋溶量

注：（a）、（b）为吴忠试验点；（c）、（b）为惠农试验点；（e）、（f）为平罗试验点。

2015—2022 年惠农试验点淋溶量 CON、KF、BMP 处理变化范围分别在 343.3～559.96 m^3/hm^2、314.58～521.78 m^3/hm^2、307.89～478.49 m^3/hm^2，呈先降低后升高再降低趋势；2015—2018 年平罗试验点淋溶量 CON、KF、BMP 处理变化范围分别在 398.61～772.03 m^3/hm^2、358.25～720.46 m^3/hm^2、314.94～724.31 m^3/hm^2，呈先降低后升高再降低趋势。另外，3 个试验点累积淋溶量 BMP 处理与 CON 和 KF 处理相比差异显著，BMP 与 CON 处理相比，吴忠、惠农和平罗试验点玉米田的累计淋溶量分别降低了 16.37%、21.43%、9.02%。因此，这进一步证实节水控灌 BMP 处理可有效控制淋溶水产生量。

2. 氮磷肥施用量对玉米田氮磷淋失量的影响

（1）氮磷肥施用量与氮磷淋失量相关性分析。

由图 2-4 可看出，玉米田施氮量（N）与全年总氮（N）淋失量呈正相关关系（$R^2 = 0.51945$），施磷量（P_2O_5）与全年总磷（P）淋失量呈指数相关关系（$R^2 = 0.1795$）。施肥量是灌溉玉米田氮磷淋失的主控因子。随着施氮量增加，玉米田总氮淋失量线性增加。

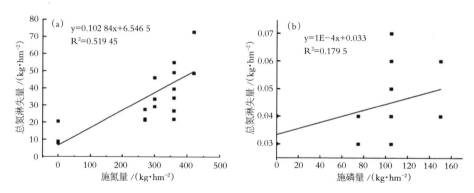

图 2-4　玉米田氮、磷肥施用量与总氮（a）、总磷（b）淋失量关系（永宁望洪试验点）

由图 2-5 可知，吴忠试验点玉米田（a，b）施氮量（N）与淋溶水总氮浓度相关性较低（$R^2 = 0.0421$），施磷量（P_2O_5）与淋溶水总磷浓度呈正相关关系（$R^2 = 0.5298$）；惠农试验点玉米田（c，d）施氮量（N）与淋溶水总氮浓度相关性较低（$R^2 = 0.2307$），施磷量（P_2O_5）与淋溶水总磷浓度呈正相关关系（$R^2 = 0.2680$）；平罗试验点玉米（e，f）施氮量（N）与全年总氮淋失量相关性较高（$R^2 = 0.7896$），施磷量（P_2O_5）与淋溶水浓度（P）呈正相关关系（$R^2 = 0.5047$）；这说明施肥量是灌溉玉米田氮磷流失的主控因子。随着施氮量增加，玉米田淋溶水总氮浓度、总氮淋失量相关性较高，施磷量增加，玉米田淋溶水总磷浓度、总磷淋失量相关性较低。

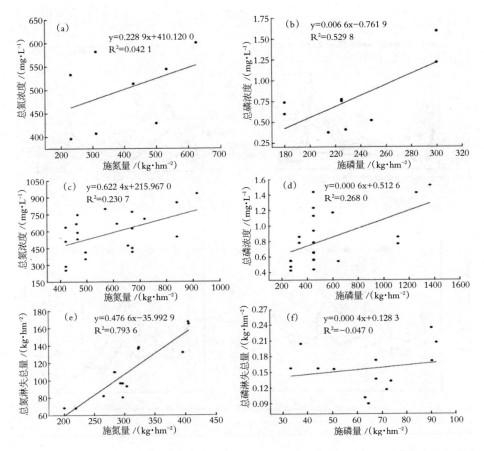

图 2-5　宁夏引黄灌区玉米田氮、磷施用量与总氮、总磷浓度及总氮、总磷淋失总量关系
　注：（a）、（b）为吴忠试验点；（c）、（d）为惠农试验点；（e）、（f）为平罗试验点。

（2）玉米田氮磷淋失量动态变化规律。

由图 2-6 可发现，永宁望洪试验点（a，b）玉米田在 2015～2017 年的氮磷淋失量各处理均表现为 CON＞KF＞BMP1＞BMP2＞BMP3，2020 年和 2022 年氮磷淋失量动态变化规律表现出逐渐增高趋势，冬灌（W）最高，春季第 1 次灌溉施肥（T1）淋失量较高，仅灌溉（IR）淋失量较低；3 年 BMP1 总氮淋失量变化范围为 1.0～23.3 kg/hm²，BMP2 总氮淋失量变化范围为 1.5～15.9 kg/hm²，BMP3 总氮淋失量变化范围为 2.0～6.4 kg/hm²，CON 总氮淋失量变化范围为 3.8～29.3 kg/hm²；吴忠点（c，d）BMP 节水控灌处理淋失量

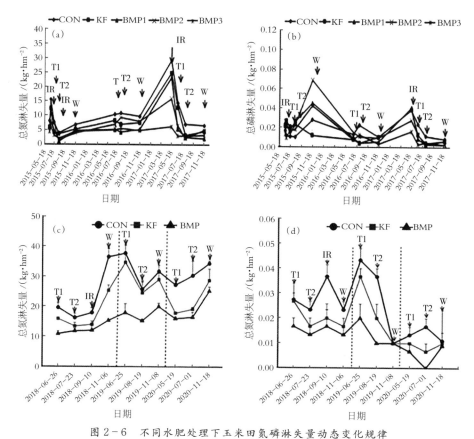

图 2-6　不同水肥处理下玉米田氮磷淋失量动态变化规律

注：IR 灌水；T 灌水追肥；W 冬灌（a、b 分别为永宁试验点玉米田氮和磷淋失量，c、d 分别为吴忠试验点玉米田氮和磷淋失量）。

远远低于 CON 与 KF 两个处理，2018—2020 年氮磷淋失量动态变化规律表现先降低再增高趋势，每年冬灌（W）最高，其次是春季第 1 次灌溉施肥（T1），3 年 BMP 总氮淋失量变化范围为 12.06～19.06 kg/hm²，CON 总氮淋失量变化范围为 16.18～37.66 kg/hm²。由此可见，灌溉量与施肥均增加玉米田氮磷淋失的风险，冬灌和第 1 次灌水施肥是玉米田氮磷淋失的高风险时期，节水控灌和化肥减量可有效控制氮磷淋失量。

二、玉米田土壤氮磷淋失形态分析

由图 2-7 可看出，CON、KF、BMP1、BMP2 和 BMP3 处理可溶性总氮淋失量变化范围分别为 14.35～53.22 kg/hm²、13.02～46.97 kg/hm²、8.63～26.91 kg/hm²、14.84～42.98 kg/hm²、3.51～22.58 kg/hm²。2020～2022 年 CON 处理硝态氮淋失量最高为 30.58 kg/hm²，CON、KF、BMP1、BMP2 和 BMP3 处理硝态氮淋失量变化范围分别为 8.17～27.01 kg/hm²、9.87～17.51 kg/hm²、5.51～14.77 kg/hm²、6.35～18.49 kg/hm²、3.65～11.77 kg/hm²。CON、KF、BMP1、BMP2 和 BMP3 处理铵态氮淋失量变化范围分别为 0.09～4.02 kg/hm²、0.03～1.22kg/hm²、0.03～2.58 kg/hm²、0.02～1.75 kg/hm²、0.03～0.53 kg/hm²。因此，不同形态氮的多年平均淋失量大小顺序为可溶性总氮＞硝态氮＞铵态氮，处理之间存在显著差异。2020 年 CON 处理可溶性总磷（TSP）淋失量与其他处理无显著差异，KF 处理显著高于 CK 与 BMP1 处理；2021 年各处理可溶性总磷淋失量无显著差异；2022 年 BMP1 处理显著高于 CK、BMP2 与 BMP3 处理。以上数据表明，2020—2022 年，不同水肥管理对不同形态氮淋失量影响显著，尤其是可溶性总氮和硝态氮，对可溶性总磷也有影响。

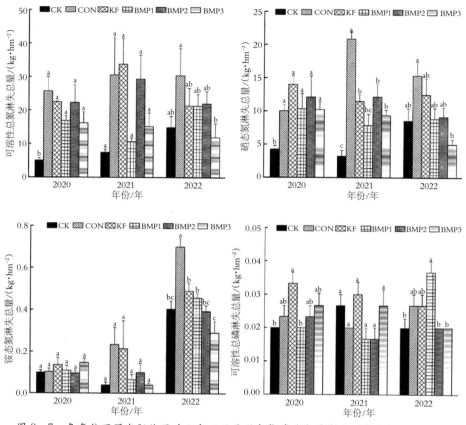

图2-7 各年份不同水肥处理对玉米田不同形态氮磷淋失量影响（永宁望洪试验点）

由图2-8玉米3个试验监测点不同形态氮淋失数据可看出，吴忠试验点CON、KF、BMP处理下玉米田平均可溶性总氮淋失量变化范围分别为53.01～57.26 kg/hm²、39.81～53.65 kg/hm²、34.51～48.36 kg/hm²；惠农试验点CON、KF、BMP处理下玉米田平均硝态氮淋失量变化范围分别为1.86～18.51 kg/hm²、1.01～20.19 kg/hm²、1.89～7.77 kg/hm²；平罗试验点CON、KF、BMP处理下玉米田平均铵态氮淋失量变化范围分别为0.15～0.37 kg/hm²、0.11～0.22 kg/hm²、0.08～0.34 kg/hm²。综合分析发现，不同形态氮3年平均淋失量大小顺序为可溶性总氮＞硝态氮＞铵态氮；与CON处理相比，吴忠试验点玉米田在BMP、KF处理下的年际平均可溶性总氮分别减少了25.3%、12.3%，惠农试验点玉米田BMP、KF处

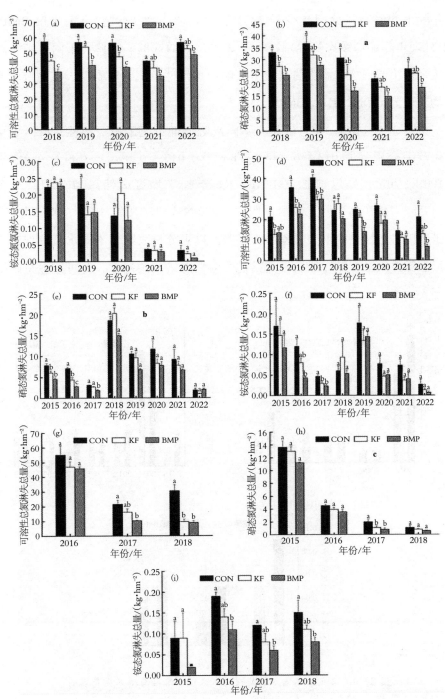

注：(a)、(b)、(c) 组为吴忠试验点；(d)、(e)、(f) 组为惠农试验点；(g)、(h)、(i) 为平罗试验点。

图 2-8　各年份不同水肥处理对玉米田不同形态氮淋失量影响

理年际平均硝态氮分别减少了 32.3%、14.1%，平罗试验点玉米田 BMP、KF 处理年际平均铵态氮分别减少了 29.2%、41.6%。因此，不同水肥管理对玉米田不同形态氮淋失量有显著影响，可溶性总氮、硝态氮、铵态氮淋失量均表现为 CON＞KF＞BMP。

由图 2－9 可知，吴忠试验点不同水肥处理下玉米田可溶性总磷淋失量变化范围分别为 0.013～0.143 kg/hm²、0.013～0.096 kg/hm²、0.010～0.100 kg/hm²，吴忠试验点 BMP、KF 年际平均可溶性总磷分别减少了 24.49%、34.70%，以上数据说明，与 CON 处理相比，BMP、KF 两处理对玉米田可溶性总磷淋失量差异不显著。以上分析表明，不同水肥管理对不同形态氮淋失量影响较显著，尤其是可溶性总氮和硝态氮，对可溶性总磷影响不大。

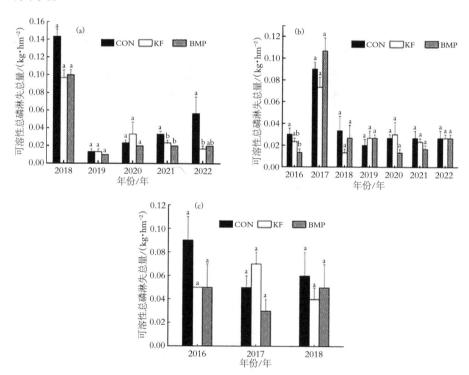

图 2－9　各年份不同水肥处理对玉米田可溶性总磷淋失量影响

注：(a) 为吴忠试验点；(b) 为惠农试验点；(c) 为平罗试验点。

三、宁夏玉米田不同水肥处理下氮磷淋失量及淋失系数

1. 宁夏玉米田不同水肥处理下氮磷淋失量

从图 2 - 10 可以看出，2020—2022 年 CON、KF、BMP1、BMP2 和 BMP3 处理总氮淋失量变化范围分别为 44.69～96.56 kg/hm²、28.68～54.96 kg/hm²、18.05～45.48 kg/hm²、27.67～50.41 kg/hm²、19.14～30.37 kg/hm²；与 CON 处理相比，BMP1、BMP2 和 BMP3 处理年际平均总氮淋失量分别减少了 56.57%、46.27%、65.12%，各处理表现为 CON＞KF＞BMP2＞BMP1＞BMP3，而且各处理差异较显著；2020—2022 年 CON、KF、BMP1、BMP2 和 BMP3 5 个处理平均总磷淋失量变化范围分别为 0.03～0.07 kg/hm²、0.03～0.07 kg/hm²、0.02～0.05 kg/hm²、0.02～0.06 kg/hm²、0.08～0.10 kg/hm²，各处理表现为 CON＞KF＞BMP2＞BMP1＞BMP3；2020—2022 年 CK、CON、KF、BMP1、BMP2 和 BMP3 处理总磷淋失量变幅不大，各年间差异有显著也有不显著。以上数据表明，2020—2022 年，不同水肥管理对氮淋失量影响较显著，对总磷淋失也有影响。

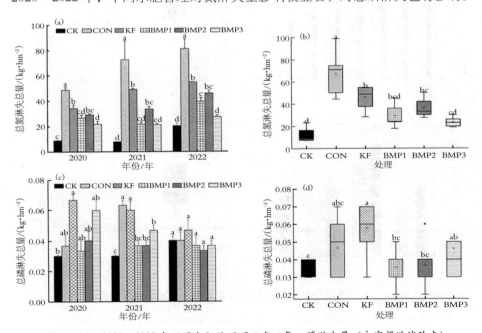

图 2 - 10　2020—2022 年不同水肥处理下玉米田氮、磷淋失量（永宁望洪试验点）

由图 2 - 11 可看出，3 个玉米田试验监测点各年份各处理下总氮的淋失总量为 BMP＜KF＜CON，与 CON 处理相比，BMP 处理的总氮淋失总量差异显著；图 2 - 11（a）、（b）显示吴忠试验点各年份各处理总氮的淋失量为 BMP＜KF＜CON，其中 5 年 BMP 处理均与 CON 处理相比差异显著，3 年

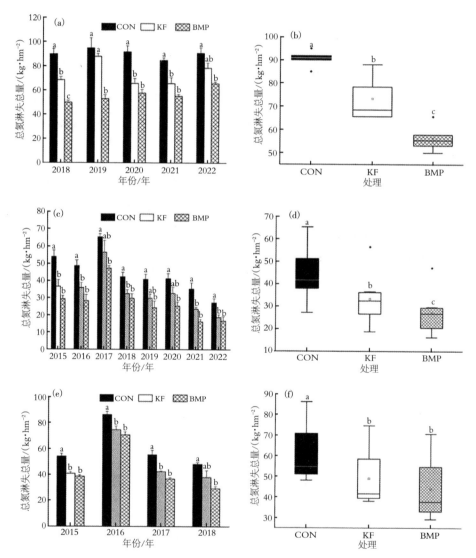

图 2-11 各年份年不同水肥处理玉米田总氮淋失量统计结果

注：（a）、（b）为吴忠试验点；（c）、（d）为惠农试验点；（e）、（f）为平罗试验点。

KF、BMP 两个处理均与 CON 处理相比差异显著，CON、KF、BMP 处理年际平均氮淋失量分别为 90.63 kg/hm²、73.31 kg/hm²、56.40 kg/hm²，BMP 处理比 CON 处理氮的淋失量减少了 37.77%；从图 2-11（c）、（d）可看出，2015—2022 年惠农试验点各年份各处理总氮的淋失量为 BMP＜KF＜CON，其中 8 年 BMP 处理均与 CON 处理相比差异显著，CON、KF、BMP 年际平均总氮淋失量分别为 44.29 kg/hm²、33.24 kg/hm²、27.12 kg/hm²，BMP 处理比 CON 处理氮淋失量减少了 36.78%；从图 2-11（e）、（f）可看出，2015—2018 年平罗试验点各年份各处理总氮的淋失量为 BMP＜KF＜CON，其中 4 年 BMP 处理均与 CON 处理相比差异显著，CON、KF、BMP 处理年际平均总氮淋失量分别为 61.00 kg/hm²、48.99 kg/hm²、43.85 kg/hm²，BMP 处理比 CON 处理氮淋失量减少了 28.11%。由此可见，BMP 节水控灌处理可有效控制氮的淋失量。

图 2-12 结果表明，3 个玉米田试验监测点各年份各处理磷的淋失量为 BMP＜KF＜CON，与 CON 处理相比，BMP 处理的总磷淋失总量差异显著。从图 2-12（a）、（b）可看出，2018—2022 年吴忠试验点各年份磷的淋失量为 BMP＜KF＜CON，CON、KF、BMP 处理年际平均磷淋失量分别为 0.07 kg/hm²、0.05 kg/hm²、0.03 kg/hm²，BMP 处理比 CON 处理磷淋失量减少了 46.74%；从图 2-12（c）、（d）可看出，2015—2022 年惠农试验点各年份各处理磷的淋失量为 BMP＜KF＜CON，其中 8 年 BMP 处理均与 CON 处理相比差异显著，CON、KF、BMP 处理年际平均磷淋失量分别为 0.05 kg/hm²、0.04 kg/hm²、0.04 kg/hm²，BMP 处理比 CON 处理磷淋失量减少了 20.0%；从图 2-12（e）、（f）可看出，2015—2018 年平罗试验点各年份各处理磷的淋失量为 BMP＜KF＜CON，4 年 BMP 处理均与 CON 处理相比差异显著，CON、KF、BMP 处理年际平均磷淋失量分别为 0.21 kg/hm²、0.18 kg/hm²、0.13 kg/hm²，BMP 处理比 CON 处理磷淋失量减少了 38.09%。以上数据证实，BMP 节水控灌处理可有效控制磷的淋失量。

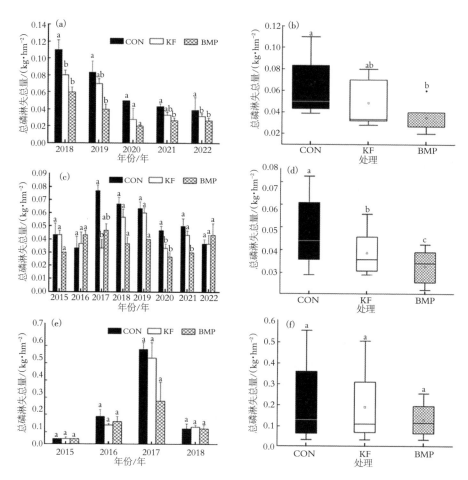

图 2-12 各年份年不同水肥处理玉米田总磷淋失量统计结果

注:(a)、(b) 为吴忠试验点;(c)、(d) 为惠农试验点;(e)、(f) 为平罗试验点。

2. 宁夏玉米田氮、磷淋失系数

由表 2-1 可看出,玉米田不同水肥处理氮、磷平均淋失系数分别为 4.09%~8.66%、0.058%~0.081%。氮淋失系数表现为 CON>BMP3>KF>BMP2>BMP1;磷肥淋失系数各处理差异不显著,这与磷肥施用量变幅较小有很大关系。随着氮肥用量增加,氮淋失系数也增加,控释肥可有效控制氮肥淋失。

表 2-1 玉米田氮、磷平均淋失系数（永宁试验点）

处 理	平均氮淋失量/ (kg·hm^{-2})	氮淋失系数/ %	平均磷淋失量/ (kg·hm^{-2})	磷淋失系数/ %
CK	11.46	—	0.02	—
CON	50.91	8.66	0.08	0.077
KF	31.45	5.01	0.06	0.074
BMP1	27.41	4.09	0.07	0.081
BMP2	27.00	4.68	0.06	0.071
BMP3	19.05	5.12	0.05	0.058

四、讨论

化肥可以提高玉米产量，但使用过量化肥会导致土壤有益因子减少，好的土壤生物健康可以使化肥发挥更大的作用（Wade et al.，2020）。玉米在我国种植面积较大，约占粮食作物总面积的 35%，在其生长发育过程中水肥起着重要的作用（冯严明　等，2020）。降雨或者灌溉会加剧高浓度土壤养分流失的风险（Cameron et al.，2013；Lu et al.，2021）。关于玉米水肥一体化调控试验已有很多相关的研究，Wang（2023）等通过全球性的荟萃分析表明，土壤有效磷浓度、季节及降雨量和磷添加量是影响农田磷管理效果的重要因素，高效灌溉、秸秆还田、缓冲带和间作是减少土壤磷损失的有效途径。长期有机管理可以较好地保持土壤磷的有效性，减少养分流失（Zhang et al.，2021）。有机肥替代氮肥与适当节水灌溉是降低设施菜田氮素淋溶的有效途径，同时有机无机肥配施可以减少农田养分流失，增加作物产量（骆晓声　等，2021；刘红江　等，2017）。本研究通过长期的监测和分析，发现节水控灌技术（节水＋减施化肥）可有效降低宁夏不同地区玉米田淋溶量，同时还能保证玉米产量，甚至还使有些地区的产量增加了。区惠平（2018）等通过有机无机肥配施探究农田氮素淋失风险，他们发现低施氮量、高替代比有机肥可有效减少碱性旱地土壤氮素淋失。本研究也在 BMP 处理中使用了有机肥并减施了化肥，降低了不同形态氮磷流失量，增加了土壤养分含量。可见，水肥一体化技术及有机肥在降低宁夏典型地区玉米田土壤淋溶量方面起着重要的作用。

第二节　水肥协同调控对玉米产量及土壤养分的影响

一、不同水肥调控对玉米产量、养分吸收量和肥料偏生产力的影响

1. 不同水肥调控对玉米产量与养分吸收的影响

（1）玉米产量及籽粒与秸秆氮的养分吸收量

从图 2－13 永宁试验点不同水肥处理对玉米产量、籽粒、秸秆氮吸收量统计结果可看出，2020—2022 年各处理 BMP、KF、CON 玉米产量、籽粒与秸秆氮吸收量均大于 CK 且其差异显著，BMP1、BMP2、BMP3 3 种处理各个类型的含量相差不大；秸秆氮吸收量均表现为 BMP3＞BMP2＞BMP1＞KF＞CON。与 CK 处理相比，CON 处理年际平均玉米产量、籽粒、秸秆氮吸收量分别提高了 57.41%、52.46%、17.07%，KF 处理年际平均玉米产量、籽粒、秸秆氮吸收量分别提高了 60.95%、51.15%、19.14%，BMP3 处理年际平均玉米产量、籽粒和秸秆氮吸收量分别提高了 67.43%、56.72%、32.80%。与 CON 处理相比，BMP3 处理年际平均玉米产量、籽粒和秸秆氮吸收量分别提高了 6.37%、2.79%、13.44%。

由图 2－13 可知，吴忠试验点 BMP、KF、CON 处理产量差异不显著，籽粒、秸秆吸氮量相差不大，秸秆吸氮量各处理表现为 BMP＞CON。与 CON 处理相比，BMP 处理年际平均秸秆吸氮量升高了 14.79%，而年际平均籽粒吸氮量 BMP、KF、CON 处理三者相差不大。从图 2－13 惠农试验点不同水肥处理对玉米产量、籽粒、秸秆氮含量统计结果可看出，2015—2022 年，每个年份之间 3 个处理产量差异不显著，各处理年际平均产量均表现为 BMP＞KF＞CON，与 CON 处理相比，BMP、KF 两处理分别增产 0.30%、0.20%；籽粒、秸秆氮吸收量各处理差异不大。从图 2－13 平罗试验点不同

水肥处理对玉米产量、籽粒、秸秆氮磷含量统计结果可看出，2015—2018 年玉米产量年份之间 3 个处理产量差异不显著（除 2015 年），各处理年际平均产量均表现为 BMP＞KF＞CON，BMP、KF 两处理分别增产 5.27%、2.48%；籽粒和秸秆氮含量各处理各年份表现不一致，但均表现为 BMP＞KF＞CON。以上数据表明，KF 与 BMP 两个处理并没有造成玉米减产，还可提高玉米籽粒和秸秆氮吸收量。

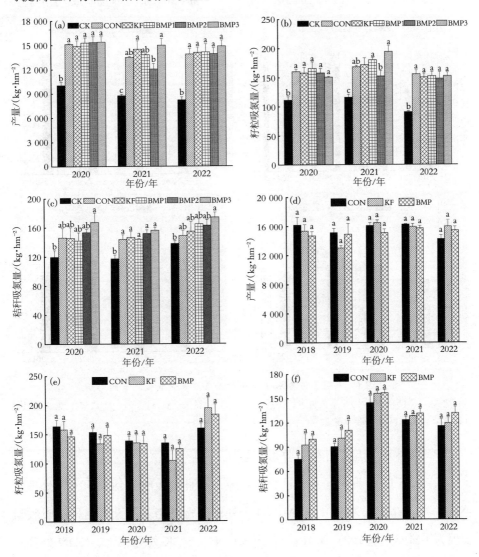

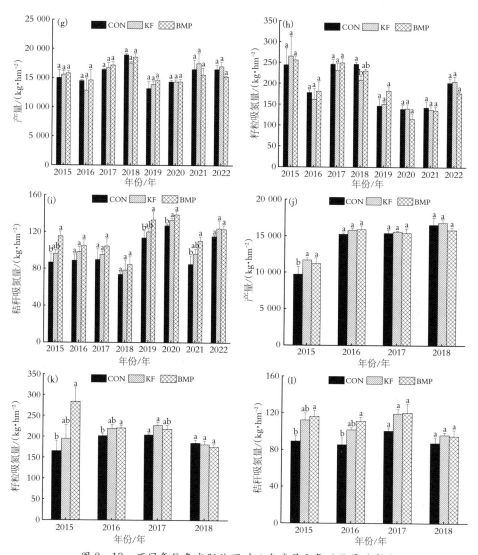

图 2-13 不同年份各水肥处理对玉米产量和氮吸收量的影响

注：（a）、（b）、（c）为永宁试验点；（d）、（e）、（f）为吴忠试验点；（g）、（h）、（i）为惠农试验点；（j）、（k）、（l）为平罗试验点。

（2）玉米籽粒与秸秆磷吸收量。

从图 2-14 可看出，永宁试验点籽粒与秸秆磷吸收量均大于 CK 处理且差异显著，BMP1、BMP2、BMP3 3 个处理磷含量相差不大；秸秆磷吸收量表现为 BMP3＞BMP2＞BMP1＞KF＞CON。与 CK 处理相比，CON 处理年际平均籽粒、秸秆磷吸收量分别提高了 45.06%、16.03%，KF 处理年际平均籽粒、秸秆磷吸收量分别提高了 42.98%、36.43%，BMP3 平均玉米籽粒和秸秆磷吸收量分别提高了 61.59%、67.93%。与 CON 处理相比，BMP3 处理平均玉米籽粒和秸秆磷吸收量分别提高了 11.38%、44.73%。从 2018—2022 年吴忠试验点不同水肥处理下玉米籽粒、秸秆磷吸收量统计结果可以看出，籽粒、秸秆吸磷量各处理均表现为 BMP＞CON。与 CON 处理相比，BMP 处理年际平均籽粒、秸秆吸磷量分别升高了 8.7%、26.3%。从惠农试验点不同水肥处理下玉米籽粒、秸秆磷吸收量统计结果可看出，2015—2022 年籽粒、秸秆磷吸收量各处理差异不大。从平罗试验点不同水肥处理下玉米籽粒、秸秆磷含量统计结果可看出，籽粒和秸秆磷吸收量各年份各处理表现不一致，但均表现为 BMP＞KF＞CON；以上数据表明，KF 与 BMP 处理可提高玉米籽粒和秸秆磷吸收量。

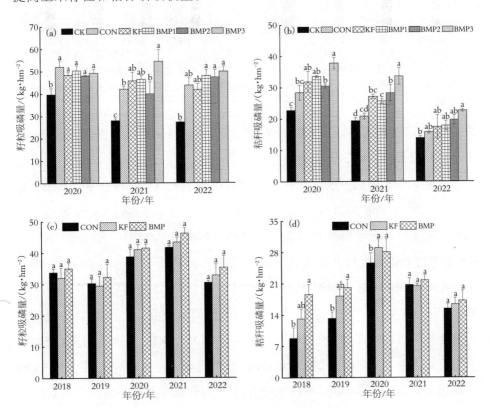

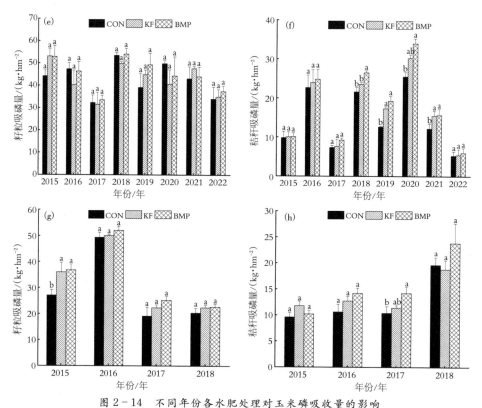

图 2-14 不同年份各水肥处理对玉米磷吸收量的影响

注：(a)、(b) 为永宁试验点；(c)、(d) 为吴忠试验点；(e)、(f) 为惠农试验点；(g)、(h) 为平罗试验点。

2. 不同水肥调控对玉米的肥料偏生产力与肥料利用率的影响

（1）玉米氮、磷、钾肥的偏生产力。

由图 2-15 可知，永宁试验点氮肥偏生产力 CON 处理最低、BMP3 处理最高，2020 年与 2021 年其他处理氮肥偏生产力显著高于 CON 处理；平均氮肥偏生产力大小各处理表现为 BMP3＞BMP2＞BMP1＞KF＞CON，除 KF 处理与 BMP1 处理外，其他处理间均差异显著；另外，与 CON 处理相比，BMP1、BMP2、BMP3 处理平均氮肥偏生产力分别升高了 18.65%、35.94%、65.46%；KF、BMP 可以提高氮肥偏生产力，尤其是 BMP 处理提高显著。吴忠试验点 2018—2019 年各年份 CON、KF、BMP 处理氮肥偏生产力差异不显著，2020—2022 年 BMP 处理显著高于 CON 处理；与 CON 处理相比，BMP 处理年际平均氮肥偏生产力升高了 14.69%。惠农试验点

2015—2022 年，每年和平均 BMP、KF 处理氮肥偏生产力均高于 CON 处理且差异显著；与 CON 处理相比，BMP 氮肥年际平均偏生产力提高了 19.07%。平罗试验点 2015—2018 年 BMP、KF 处理氮肥偏生产力高于 CON 处理，但处理间差异不显著；与 CON 处理相比，BMP 处理氮肥年际平均偏生产力升高了 28.10%。

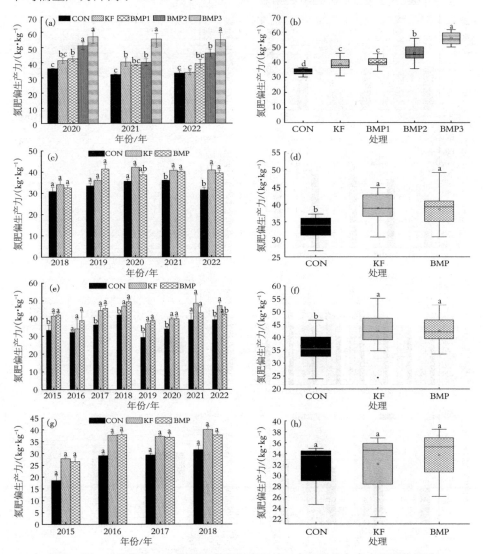

图 2-15　不同年份玉米各试验点水肥处理对玉米氮肥偏生产力的统计结果

注：(a)、(b) 为永宁试验点；(c)、(d) 为吴忠试验点；(e)、(f) 组为惠农试验点；(g)、(h) 为平罗试验点。

图 2-16 显示，永宁试验点磷肥偏生产力 CON 处理最低、BMP2 处理最高，各年份其他处理磷肥偏生产力显著高于 CON 处理；平均磷肥偏生产力 BMP2 处理显著高于其他处理，KF、BMP1 与 BMP3 处理显著高于 CON 处理；另外，与 CON 处理相比，BMP1、BMP2、BMP3 处理平均磷肥偏生

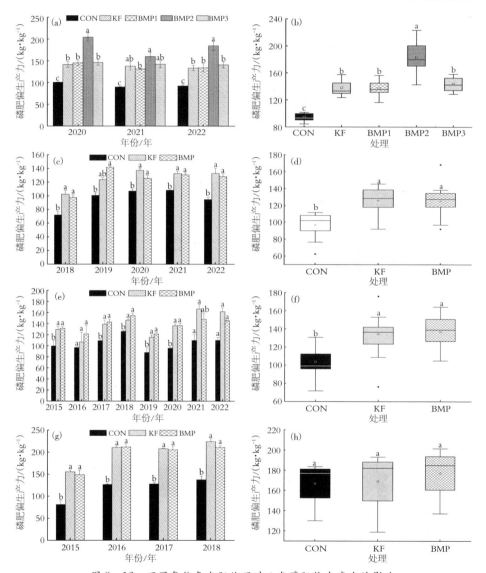

图 2-16 不同年份各水肥处理对玉米磷肥偏生产力的影响

注：(a)、(b) 为永宁试验点；(c)、(d) 为吴忠试验点；(e)、(f) 组为惠农试验点；(g)、(h) 为平罗试验点。

产力分别升高了 45.28%、94.20%、51.96%。吴忠试验点 2018—2022 年每年 KF、BMP 处理磷肥偏生产力均显著高于 CON 处理，平均磷肥偏生产力 BMP 与 KF 处理也显著高于 CON 处理；与 CON 处理相比，BMP 处理磷肥年际平均偏生产力升高了 29.37%。惠农试验点 2015—2022 年，每年和平均 BMP、KF 处理磷肥偏生产力均高于 CON 处理且差异显著；与 CON 处理相比，BMP 处理磷肥年际平均偏生产力提高了 31.93%。平罗试验点 2015—2018 年 BMP、KF 处理磷肥偏生产力高于 CON 处理，BMP、KF 处理与 CON 处理差异显著；与 CON 处理相比，BMP 处理磷肥年际平均偏生产力升高了 63.96%。以上试验结果表明，KF、BMP 可以提高磷肥偏生产力，尤其是 BMP 处理对其提高显著。

（2）氮、磷肥利用率。

由图 2-17 可知，2020 年永宁玉米监测点设置空白处理后，2020—2022 年，不同处理下玉米的氮、磷肥利用率变化范围分别为 8.65～44.99%、7.99%～50.87%，各处理均表现为 BMP3＞BMP2＞BMP1＞KF＞CON，而且随着年份增加，氮、磷肥利用率也增加。以上数据说明，KF、BMP1、BMP2 处理可以提高氮、磷肥利用率，尤其是 BMP3 处理对其提高显著。

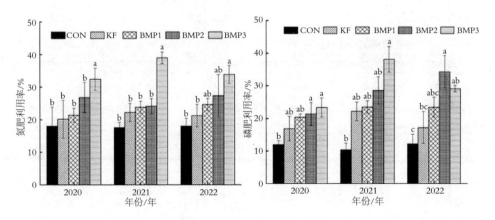

图 2-17　不同年份各水肥处理对玉米氮、磷肥利用率的影响

二、不同水肥调控对玉米田土壤无机氮、全磷和速效磷累积的影响

1. 土壤无机氮

由图 2-18 可看出，惠农试验点 2018 及 2020 年不同层次土壤无机氮（Nmin）的含量大小各处理均表现为 CON＞KF＞BMP，有向下运移趋势；

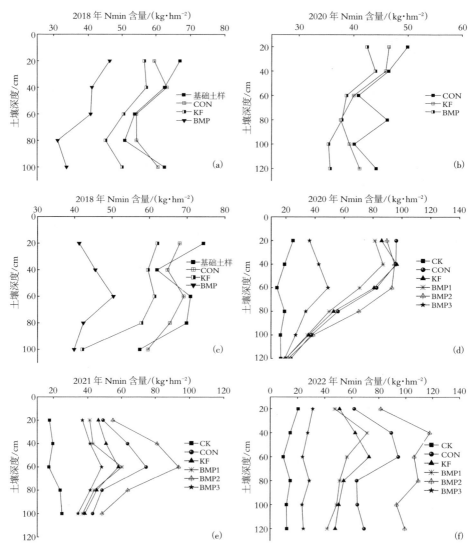

图 2-18　玉米田不同水肥处理下 0~120 cm 土壤 Nmin 累积动态

注：(a)、(b) 为惠农试验点；(c) 为平罗试验点；(d)、(e)、(f) 为永宁试验点。

与基础土样土壤 Nmin 含量相比，不同水肥处理 CON、KF、BMP 不同层次土壤 Nmin 含量均有所增加。平罗试验点 2018 年土壤不同层次土壤 Nmin 累积量大小各处理表现为 CON＞KF＞BMP，有向下运移趋势；与基础土样土壤 Nmin 相比，不同水肥处理 CON、KF、BMP 不同层次土壤 Nmin 含量均有所增加。永宁试验点 2020 年 0～40 cm 土壤 Nmin 含量大小各处理表现为 CK＜BMP3＜BMP1＜KF＜BMP2＜CON，40 cm 以下土壤各处理则表现为 CK＜BMP3＜BMP1＜KF＜CON＜BMP2；与 CK 处理相比，不同水肥处理不同层次土壤 Nmin 含量均有所增加，2021—2022 年不同层次土壤 Nmin 含量大小基本表现为 CK＜BMP3＜BMP1＜KF＜CON＜BMP2，随着土壤深度的增加，不同水肥处理土壤 Nmin 有向下运移趋势。

2. 土壤全磷、速效磷

玉米田不同试验监测点位全磷与速效磷的含量如图 2－19 所示，吴忠点 2018—2022 年全磷与速效磷的含量及年际平均全磷与速效磷含量大小均表现为 CON＞KF＞BMP。惠农点 2015—2022 年全磷含量和平均全磷含量各处理间显著不差异，速效磷含量和平均速效磷含量均表现为 CON＞KF＞BMP，但各处理间差异均不显著。平罗点每年土壤全磷的含量数据差异较小，2015 年速效磷含量大小为 CON＞KF＜BMP，其他年份基本相等，平均累积速效磷含量各处理间无显著差异。永宁点 2020—2022 年每年各处理全磷含量和总的累积全磷含量无显著差异，平均速效磷含量 CON 处理最大，但各处理间均无显著性差异。以上试验结果表明，BMP 水肥处理土壤速效磷含量较小，其他处理全磷与速效磷含量基本无差异。这也进一步说明，减少磷肥施用量可有效控制土壤速效磷在表层土壤累积，对土壤表层全磷含量影响不大。

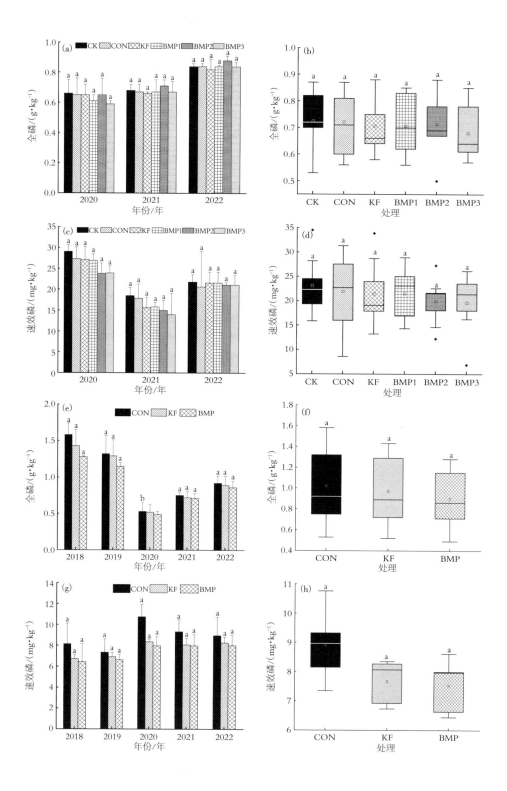

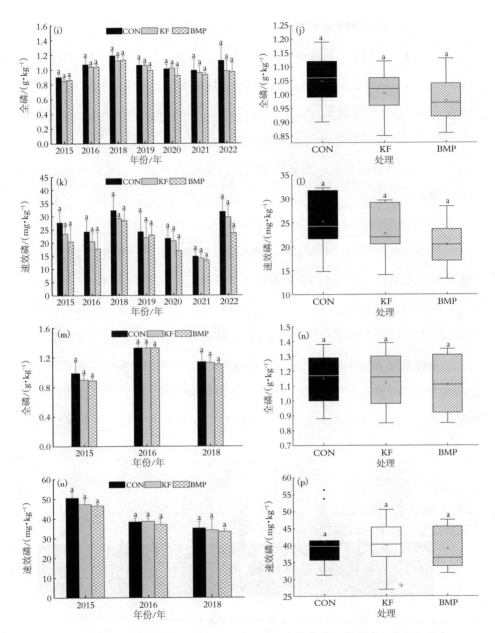

图 2-19　玉米田不同水肥处理下 0~20 cm 土壤全磷、速效磷含量变化动态

注：(a)、(b)、(c)、(d) 为永宁试验点；(e)、(f)、(g)、(h) 为吴忠试验点；(i)、(j)、(k)、(l) 为惠农试验点；(m)、(n)、(o)、(p) 为平罗试验点。

三、不同水肥调控对玉米－土壤氮素平衡的影响

农田氮平衡计算是指对农田中氮素的输入、输出、转化和积累等过程进行系统分析和计算，以评估农田氮素的利用效率和环境影响。土壤氮平衡＝土壤起始氮＋化肥氮＋大气沉降氮及土壤氮（输入氮）－作物吸收的氮－氮淋失－土壤氮素气态挥发，本研究中除大气沉降氮以参考相关文献得出外，其他作物各参数均为年均试验数据得出，土壤氮素气态挥发除玉米外，其他作物未纳入其进行计算。

1. 不同水肥调控对玉米氮素平衡影响

由图 2-20 可看出，不同水肥调控玉米氮素输入不同，造成氮素输出也有所差异。就玉米而言，与 CON 处理相比，BMP3、BMP2 和 BMP1 3 个水肥处理玉米吸氮量分别提高了 24.64％、28.98％、19.32％，土壤氮素淋失分别减少了 64.97％、59.19％、51.84％；以上数据表明，减施化肥和节水控灌的实施，并未造成氮素输出项玉米氮素吸收减少，而有效控制了农田氮素淋失和在土壤无机氮的残留，玉米中 BMP3、BMP2 两种处理较显著，这也进一步说明，减施化肥＋节水控灌措施可有效控制氮素流失和土壤无机氮残留。

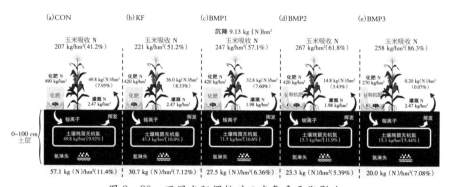

图 2-20　不同水肥调控对玉米氮素平衡影响

2. 不同水肥调控下玉米产量和经济效益

由表 2-2 可知，与 CON 处理相比，玉米各试验监测点 BMP 处理可使惠农、平罗玉米分别增产 0.4％、2.5％，分别节本增效 0.06 万元/hm²、0.17 万元/hm²。

表 2-2　玉米各试验点不同水肥处理经济效益分析

惠农试验点（2015—2022 年）			
处理	产量/ (t·hm⁻²)	产值/ (万元·hm⁻²)	施肥成本/ (万元·hm⁻²)	节本增效/ (万元·hm⁻²)
CON	15.67	4.39	0.31	—
KF	15.67	4.39	0.26	0.05
BMP	15.73	4.40	0.26	0.06
平罗试验点（2015—2018 年）			
处理	产量/ (t·hm⁻²)	产值/ (万元·hm⁻²)	施肥成本/ (万元·hm⁻²)	节本增效/ (万元·hm⁻²)
CON	14.23	3.98	0.33	—
KF	14.98	4.19	0.27	0.27
BMP	14.59	4.09	0.27	0.17

注：价格按玉米 2.8 元/kg、普通尿素 2.0 元/kg、磷酸二铵 3.6 元/kg、硫酸钾 2.4 元/kg 计算。

四、讨论

相比于沟灌、喷灌，滴灌可以较好地促进玉米养分吸收，提高产量（贾国熇 等，2022），同时施肥也可显著促进夏玉米地上部养分吸收、提高利用效率以及肥料偏生产力（张光岩 等，2020）。此外，王绍新（2023）等通过对国内玉米水肥一体化相关研究进行总结得到，采用高效节水灌溉水肥一体化技术对玉米的节水、节肥和稳产、增产具有重要作用，还能提高玉米水分和肥料利用率。本研究通过 BMP 优化处理实现了玉米的增产，促进了养分吸收，提高了偏生产力和肥料利用率，进而增加了经济效益。

蔡晨阳（2022）等通过华北地区夏玉米的水肥调控试验研究得到灌水121.5 mm 和低氮（150 kg/hm²）处理在保证产量和节水的同时还可以有效

降低温室气体的排放。Liu（2020）等通过研究青贮玉米地表灌溉和施肥速率对土壤水分和硝酸盐含量的时空分布影响，发现随着土壤深度的增加，土壤硝酸盐含量是逐渐降低的。在本试验中随着土壤深度的增加，各处理土壤无机氮有向下运移趋势，这可能与土壤质地及灌溉量有关。化肥与有机肥共施可以提高玉米氮、磷、钾等养分的吸收量（Rasouli et al.，2022）。可见，BMP优化管理在玉米增产增效方面有着重要的作用。

第三节　玉米田土壤氮磷淋失阻控关键技术要点与应用

根据连续6~8年4个不同试验点玉米不同水肥处理氮磷流失试验监测数据，明确了玉米冬灌、第1次灌溉（施肥）是玉米田氮素流失主要时期，减施化肥、增施有机肥和施用控释肥可有效控制玉米田氮素流失，因此提出了节水控灌、化肥减氮控磷补钾、控释肥配施和有机肥部分替代化肥等玉米氮磷流失水肥防控核心技术。

一、关键技术要点

1. 控灌技术

实施畦灌，面积控制在1.5~2.0亩；玉米生育期间灌溉3~4次，具体灌溉量和施氮量见表2-3。灌溉水按照农田灌溉水质量标准执行。

表2-3　宁夏引黄灌区玉米节水控灌技术方案

玉米生育期	灌水时间	灌溉量/（$m^3 \cdot$ 亩$^{-1}$）
大喇叭口	6月中下旬	90~100
孕穗—抽雄前	7月中旬	60~80
抽雄后期	8月中旬	40~60

2. 化肥减量技术

化肥施用按照"减氮控磷补施钾肥和微肥"的原则进行总量控制。磷、钾肥全部基施，氮肥基、追施各占 50%，具体用量见表 2 - 4。化肥按照《肥料合理使用准则　通则》和《肥料合理使用准则　有机肥料》规定执行。

表 2 - 4　宁夏引黄灌区玉米化肥总推荐施用量

目标产量/ （kg·亩$^{-1}$）	施肥量/（kg·亩$^{-1}$）		
	N	P_2O_5	K_2O
800～900	24～26	8～9	2～4
900～1 000	26～28	9～10	4～6
＞1 000	28～30	10～12	6～8

3. 控释肥配施技术

每亩氮肥总施用量大于 9 kg，每亩磷酸二铵施用量为 11～13 kg，硫酸钾施用量为 2～8 kg，整地前一次性撒施作基肥或苗期用中耕机械全部一次性条施，将肥料呈条状施在玉米行的一侧 15 cm 左右，施肥深度为 20 cm 左右，每亩用量大于 30 kg，控释肥配施推荐施用量见表 2 - 5。控释肥施用按照《玉米一次性施肥技术规程》的规定执行。

表 2 - 5　宁夏引黄灌区玉米控释肥配施推荐施用量

目标产量/ （kg·亩$^{-1}$）	施肥量/（kg·亩$^{-1}$）			
	控释肥	N	P_2O_5	K_2O
800～900	28～35	9～11	3～4	1～2
900～1 000	35～40	11～12	4～5	2～3
＞1 000	40～45	12～14	5～6	3～4

4. 有机肥部分替代化肥技术

有机肥替代化肥比例不超过 20%为宜（以纯 N 计），每亩目标产量为 700 kg 时，基施化肥减量 24%，每亩目标产量为 1 000 kg 时，基施化肥减量

8%。农家肥、磷肥和玉米专用控释配方肥全部用作基施,60%的化肥氮作基施。基肥采用撒施方式,然后进行机械旋耕平整土地。基肥肥料选择牛粪等农家肥,以及尿素、磷酸二铵、玉米专用复合肥或玉米专用控释配方肥。所有施用肥料符合《肥料合理使用准则 通则》规定要求。

二、玉米氮磷流失面源污染综合防控技术应用

2019—2022 年,按照边试验、边示范的原则,构建宁夏典型农田氮磷流失面源污染综合防控技术模式,分别在宁夏青铜峡市、利通区、贺兰县等各县(市、区)开展玉米示范工作(表 2-6),4 年累计示范玉米 120 万亩,减少农田氮、磷排放 497 t、3.24 t,农田氮素淋失平均削减率达到 36.9%,农田磷素淋失平均削减率为 26.3%,作物平均增产 6.4%,增收 9 600 万元,改善了农田生态环境,经济和社会效益显著。

表 2-6 宁夏玉米田氮磷流失污染综合防控技术应用情况统计

示范地点	示范面积/万亩	农田减排(kg/示范面积)		淋失削减率*/%		增产*/%	增收#/万元
		氮	磷	氮	磷		
青铜峡市	50	207 000	1 350	36.9	26.3	6.4	4 000
利通区	20	82 800	540	36.9	26.3	6.4	1 600
贺兰县	10	41 400	270	36.9	26.3	6.4	800
平罗县	20	82 800	540	36.9	26.3	6.4	1 600
中宁县	20	82 800	540	36.9	26.3	6.4	1 600
合 计	120	497 000	3 240	36.9	26.3	6.4	9 600

注:*平均数;#增收=节本(节肥+节水)+增效(增产值)。

三、小结

1. 冬灌和第 1 次春灌是玉米田氮磷淋失量高峰期,提出控灌可有效控制氮磷淋失量

BMP1、BMP2、BMP3 处理冬灌氮磷淋失量占比分别为 40.6%、

36.3%、37.6%，BMP1、BMP2、BMP3 处理第 1 次春灌氮磷淋失量占比分别为 29.7%、32.2%、29.5%。

2. BMP1、BMP2、BMP3 3 项处理技术可有效控制玉米田氮、磷淋失量

BMP1、BMP2、BMP3 处理平均分别降低氮淋失量 56.6%、46.3%、65.1%，降低磷淋失量 26.3%、16.6%、0.0%。

3. BMP1、BMP2、BMP3 3 项处理节水控灌和肥料替代技术可以实现玉米增产增效，维持土壤肥力水平

提高了肥料利用率和氮、磷肥偏生产力，节本增效明显，平均增收0.12 万元/hm²。

本章参考文献

蔡晨阳，庞桂斌，薛建文，等，2022.不同水氮调控下夏玉米农田氮素运移及淋失特征分析 [J]. 节水灌溉，4：47－53，59.

冯严明，丛鑫，牟晓宇，等，2020.水肥施用量对夏玉米生长及产量的影响 [J]. 节水灌溉，8：50－54.

贾国爝，骆洪义，褚屿，等，2022.不同灌溉方式下水肥一体化对玉米养分吸收规律的影响 [J]. 节水灌溉，2：40－47.

刘红江，陈虞雯，孙国峰，等，2017.有机肥－无机肥不同配施比例对水稻产量和农田养分流失的影响 [J]. 生态学杂志，36（2）：405－412.

骆晓声，吕宏伟，寇长林，2021.有机肥替代氮肥及节水对设施番茄和辣椒菜田氮淋溶的影响 [J]. 中国土壤与肥料，2：96－101.

区惠平，周柳强，黄金生，等，2018.长期不同施肥对甘蔗产量稳定性、肥料贡献率及养分流失的影响 [J]. 中国农业科学，51（10）：1931－1939.

王绍新，李楠，王传娟，等，2023.国内玉米高效节水灌溉水肥一体化技术研究现状与展望 [J]. 节水灌溉，8：121－128.

张光岩，徐良菊，李俊良，等，2020.灌水及肥料配施对夏玉米产量和养分吸收利

用的影响 [J]. 山东农业科学, 52 (7): 54 – 59.

Cameron K C, Di H J, Moir J L, 2013. Nitrogen losses from the soil/plant system: a review [J]. Annals of Applied Biology, 162 (2): 145 – 173.

Liu Y C, Wang N, Jiang C S, et al., 2020. Temporal and spatial distribution of soil water and nitrate content affected by surface irrigation and fertilizer rate in silage corn fields [J]. Scientific Reports, 10: 8317.

Lu J, Hu T, Zhang B, et al., 2021. Nitrogen fertilizer management effects on soil nitrate leaching, grain yield and economic benefit of summer maize in Northwest China [J]. Agricultural Water Management, 247: 106739.

Rasouli F, Nasiri Y, Asadi M, et al., 2022. Fertilizer type and humic acid improve the growth responses, nutrient uptake, and essential oil content on Coriandrum sativum L [J]. Scientific Reports, 12: 7437.

Wade J, Culman S W, Logan J A R, et al., 2020. Improved soil biological health increases corn grain yield in N fertilized systems across the Corn Belt [J]. Scientific Reports, 10: 3917.

Wang J X, Qi Z M, Wang C, 2023. Phosphorus loss management and crop yields: A global meta analysis [J]. Agriculture, Ecosystems and Environment, 357: 108683.

Zhang Y J, Gao W, Luan H A, et al., 2021. Long – term organic substitution management affects soil phosphorus speciation and reduces leaching in greenhouse vegetable production. Journal of Cleaner Production, 327: 129464.

第三章　宁夏稻田氮磷流失面源污染绿色防控技术研究

第一节　宁夏引黄灌区稻田氮磷流失特征

一、宁夏引黄灌区稻田氮磷流失动态变化规律

1. 监测区土壤理化性质

农田氮磷流失的物质基础是土壤养分，因为土壤富含水溶性氮、磷，成为氮、磷污染物释放源。监测区33个土壤样品的养分分析结果表明（表3-1），该监测区土壤质地为砂壤土，氮磷易于流失，土壤养分属于一般等级标准（马玉兰等，2008），有机质属于中等水平，主要氮磷养分水平偏高，全氮水平较低，在0.80g/kg，碱解氮属于中等水平，铵态氮、硝态氮值在中等偏高水平，尤其是硝态氮变化较大，在9.70～55.60 mg/kg，速效磷变化较大，在9.61～49.25 mg/kg，属于一般水平。以上数据表明该试验监测区土壤肥力水平较高，尤其是土壤速效氮、磷养分质量分数较高，存在潜在流失的可能性。

2. 监测区灌溉期间灌溉水氮、磷组分动态变化

图3-1、3-2中监测区灌溉期间农田支渠灌溉水氮、磷组分动态变化结果表明，在5月至9月作物灌溉期间，稻作区与稻旱区的灌溉水氮、磷组分变化较大，由图3-1可看出，稻区灌溉水氮、磷含量明显高于稻旱区，

表 3 - 1   2006 年监测区土壤基础养分状况（0～20 cm）

测试项目	pH	养分含量/（g·kg⁻¹）					养分含量/（mg·kg⁻¹）			
		全盐	有机质	全氮	全磷	全钾	硝态氮	铵态氮	碱解氮	速效磷
平均值	8.10	1.73	13.20	0.80	0.96	28.62	31.12	0.93	75.12	22.68
最大值	8.39	3.29	17.90	1.01	0.96	35.40	55.60	1.60	90.14	49.25
最小值	7.65	0.75	10.00	0.62	0.32	18.70	9.70	0.30	65.37	9.61
标准差	0.18	0.57	1.74	0.11	0.14	3.75	13.51	0.33	6.54	8.44

稻区灌溉水总氮变化范围在 2.44～9.57 mg/L，而且以硝态氮为主，占总氮的 27.7%～44.6%，铵态氮仅占总氮的 4.09%～9.90%；总磷变化范围在 0.53～2.81 mg/L，以颗粒磷为主，占总磷的 54.7%～91.3%，可溶性总磷仅占 8.7%～45.3%。另外，稻区与稻旱区 2 年的灌溉水氮、磷组分动态变化差异不大，由图 3 - 1 可看到总氮变化呈现前期（5 月至 6 月初）较高，中期（6 月初至 7 月中旬）比较平缓，后期（7 月下旬至 8 月下旬）又有两个高峰期，硝态氮的动态变化与总氮变化趋势一致。

图 3 - 2 表明总磷变化呈现前期（5 月初至 6 月初）有一个高峰期，中期（6 月初至 7 月中旬）比较平缓，后期（7 月下旬至 8 月下旬）又有两个高峰期，颗粒磷与可溶性总磷的动态变化一致。以上数据表明监测区稻区与稻旱区灌溉水氮、磷含量差异大，但灌溉期间动态变化一致，在灌溉水氮组分中以硝态氮为主，磷组分中以颗粒磷为主。这些数据说明宁夏引黄灌区黄河水受年际、季节与气候以及上游泥沙含量的影响，灌溉水年际间氮、磷养分有差异。

3. 监测区支沟水氮、磷组分动态变化

（1）2006—2007 年监测区支沟水氮、磷组分动态变化。

图 3 - 3、3 - 4 监测区支沟水中的氮、磷动态变化结果表明，在 5 月至 9 月作物灌溉期间，稻区与稻旱区支沟中的氮磷组分变化不大，稻区支沟排水

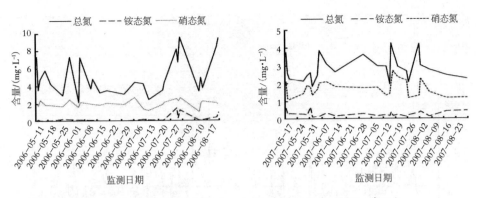

图 3-1　监测区灌溉期间农田支渠（图 1-1 中 A 点）灌溉水
总氮、铵态氮、硝态氮含量动态变化

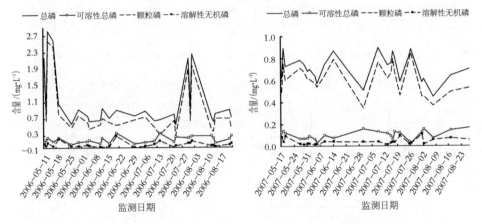

图 3-2　监测区农田支渠（图 1-1 中 A 点）灌溉水
总磷、可溶性总磷、溶解性无机磷含量动态变化

中总氮变化范围在 0.32～8.22 mg/L，以硝态氮为主，占总氮的 39.5%～70.2%，铵态氮仅占总氮的 3.1%～18.0%，总磷变化范围在 0.012～0.921 mg/L，主要以颗粒磷与可溶性总磷为主。以上数据表明监测区支沟排水中氮、磷组分形态与灌溉水不一致，这是由于农田氮磷流失的动力与载体是农田水分运动（Haygarth and Jarvis, 1999），相当一部分的氮和磷以溶质形态或颗粒形态存在于田间水中并容易随着水分运动而迁移至周围水体造成排水中氮、磷组分发生变化，而农田中的氮素主要以铵态氮（NH_4^+-N）和硝态氮（NO_3^--N）的形态淋失或随径流流失（谢红梅　等，2003），磷素

流失的主要形态是颗粒磷（PP），其次是溶解态活性磷（曹志洪　等，2005），这也与该试验监测结果一致。

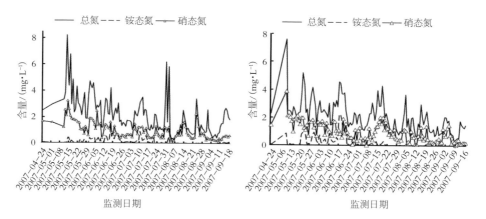

图3-3　监测区灌溉期间支沟（图1-1中B点）水总氮、铵态氮、硝态氮含量动态变化

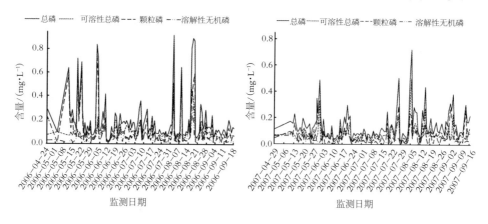

图3-4　监测区灌溉期间支沟（图1-1中B点）水
总磷、可溶性总磷、颗粒磷溶解性无机磷含量动态变化

稻区支沟水中的氮、磷组分动态变化与稻旱区相比差异较大，由图3-3中灌溉期间监测区支沟水中氮组分变化可看到，2006年灌溉前期（4月中旬至7月中旬）支沟水中总氮含量有3个高峰期，呈逐渐递减趋势，后期（7月下旬至9月下旬）又有3个高峰期，也是呈逐渐递减趋势，前期的3个高峰期值高于后期3个高峰期值。2007年稻旱区支沟水总氮变化与2006年不

同，前期（4 月中旬至 7 月中旬）有 4 个高峰期，前两个高峰期数值接近，第 3 个与第 4 个高峰期数值接近，前 2 个高峰期与后 2 个呈递减趋势，中后期（7 月下旬至 9 月下旬）又有 3 个高峰期，呈逐渐递减趋势。两年的支沟排水中的硝态氮动态变化与总氮变化趋势一致。

从图 3-4 灌溉期间监测区支沟水中磷组分变化看到，2006 年前期（4 月中旬至 7 月中旬）总磷有 3 个高峰期呈逐渐递增趋势，后期（7 月下旬至 9 月下旬）又有 3 个高峰期，呈逐渐递减趋势，前期的两个高峰期低于后期两个高峰期。2007 年稻旱区支沟总磷动态变化与 2006 年不同，前期（4 月中旬至 7 月中旬）总磷有两个高峰期，呈逐渐递减趋势，后期（7 月下旬至 9 月下旬）又有 5 个高峰期，呈现前两个增加后 3 个递减的趋势规律。两年中支沟排水中磷组分中颗粒磷与溶解性总磷动态变化趋势一致，均为前期颗粒磷含量较高，中后期较低，可溶磷与之相反。以上数据说明灌溉前期几个高峰期，2006 年稻区灌溉期间支沟水中氮、磷组分动态变化差异大，在 5 月中旬、5 月下旬和 6 月中旬有 3 次氮、磷高峰期，正是水稻基施肥、第 1 次及第 2 次追肥后的 3 个时期，造成监测区支沟水中氮、磷含量升高。2007 年稻旱区，在 4 月下旬、5 月中旬和 6 月中旬、7 月中旬有 4 次氮、磷高峰期，也正是小麦套玉米、水稻基施肥、水稻追肥、玉米追肥后的时期，从而造成监测区支沟水中氮、磷含量升高。这进一步证明施肥也是造成氮磷流失的主要因素，在集约化种植方式下，各种速溶性肥料的频繁施用，极易造成降雨与施肥期的重合，引发大量的农田氮、磷径流流失。

图 3-1、3-2 灌溉水氮、磷动态数据说明，后期支沟水中氮、磷动态变化与灌溉水氮、磷养分变化趋势比较一致，表明支沟水中后期氮、磷流失严重与灌溉水中养分含量有一定关系。由于引黄灌区特殊的地理特性和常年漫灌抬高了地下水位，导致了灌溉水不能完全被土壤所渗透，加之灌溉期间用水量较大，相当一部分的灌溉退水携带着土壤中残留的大量污染物排入支沟中，从而造成在作物灌溉后期支沟水氮、磷含量较高。

（2）2007 年监测区稻旱交汇处总氮动态变化。

图 3-5 试验监测区 2007 年稻旱区支沟稻旱交汇处总氮动态变化结果表明，C 点处在稻区与旱地交汇处，在 7 月以前支沟水中总氮含量高于 B、D、E 点并且有 4～6 个明显的高峰期，第 1 个高峰期在 6 月上旬，这是由于 5 月中下旬水稻两次大量追施氮肥造成支沟水中总氮含量增高，在 7 月以后总氮含量较低，由于 7 月以后水稻追施肥料较少。D 点处在旱地与一条稻区交汇处，第 1 个高峰期在 5 月中旬，这是由于春小麦套种玉米在 5 月上旬第 1 次灌水量高，并大量追施氮肥，造成支沟水中总氮含量高，而在 6 月以后总氮含量更低。E 点是两条稻区一条旱田交汇处，在整个生育期中总氮含量高于 B 点，在所有支沟的监测点中 B 点与 C、D、E 点相比氮素的含量都较低，并有逐渐降低趋势。以上数据进一步表明在作物灌溉期间，支沟水中总氮高峰期都在各种作物追施氮肥的后期，也进一步证明施肥是造成农田氮素流失的主要原因，稻区的氮流失明显要高于稻旱轮作区。

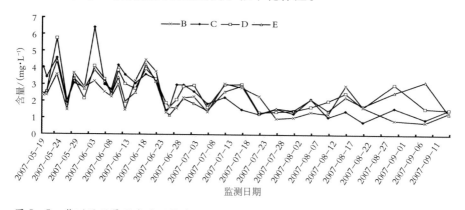

图 3-5　监测区稻旱区支沟稻旱交汇处（图 1-1 中 B、C、D、E 点）总氮动态变化

总之，在作物灌溉期间支沟中氮磷污染加重几个时期，均是在作物施肥 7～10 d 后，稻区总氮变化范围在 0.32～8.22 mg/L，总磷变化范围在 0.012～0.921 mg/L，稻旱区总氮和总磷明显低于稻区，一般认为当河流、湖泊、水库、塘坝等水体中的总磷质量浓度大于 0.02 mg/L，总氮达 0.2～0.5 mg/L 以上时，即视其为富营养化水体（王庆仁和李继云，1999），本监

测区动态变化数据均超过水体富营养化的标准，而且均在作物施肥10 d后表现出一个高峰期，这足以说明施肥是造成支沟水富营养化程度加重的主要因素，而且稻区污染大于稻旱区。在稻旱区支沟的监测点中下游 B 点与 C、D、E 点相比氮素的含量都较低，下游污染有逐渐减弱趋势，由于支沟中植被茂密有可能吸收氮磷，拦截氮磷的流失，形成类似构建"稻田圈"隔离农田氮磷流失的功能（曹志洪和林先贵，2006），本地区是否存在该现象，还有待进一步研究。

4. 监测区主要作物肥料投入及灌溉水、支沟水总量及其氮、磷组分变化

在施肥量合理、肥料利用率高的情况下氮不易流失（付伟章和史衍玺，2005）。在玉米地中氮使用量超过 168～196 kg/hm²，就会引起氮素的流失（Nguyen and Pham，2007）。有研究显示，氮肥施用量在 448 kg/hm² 时，每年将有 50.2 kg/hm² 总氮流失，而在施肥量为 174 kg/hm² 的土地中，每年的总氮流失量为 28.1 kg/hm²（曹志洪和林先贵，2006）。表 3-2 施肥量调查结果

表 3-2 试验监测区主要作物施肥量调查统计结果

种植方式	作物名称	种植面积/hm²	样本数/户	作物施肥量/（kg·hm⁻²）			
				肥料种类	施肥量	基施量	追施量
2006 年稻田	水稻	116.0	174	N	244.5	115.5	129.0
				P_2O_5	88.5	88.5	0.0
				K_2O	45.0	45.0	0.0
	小麦	52.1	188	N	219.0	112.5	148.5
				P_2O_5	60.0	60.0	0.0
				K_2O	49.5	49.5	0.0
2007 年稻旱区	玉米	33.9	105	N	447.0	90.0	357.0
				P_2O_5	33.0	33.0	0.0
				K_2O	49.5	49.5	0.0
	水稻	30.0	90	N	244.5	117.0	127.5
				P_2O_5	90.0	90.0	0.0
				K_2O	45.0	45.0	0.0

表明 2007 年监测区水稻、小麦、玉米施肥量都比较高，水稻、小麦、玉米化肥纯养分用量总量分别为 379.5 kg/hm²、328.5 kg/hm²、529.5 kg/hm²，其中玉米远高于 390 kg/hm² 的全国平均水平，更为不合理的是施用的化肥中约 66.7%～84.5% 为氮肥，其中水稻、玉米施氮量远高于 227 kg/hm² 的全国平均用量。

监测区支渠灌溉水、支沟总量及其氮磷组分变化统计结果（表 3-3）表明，监测区 2007 年稻旱区灌溉总量比稻区减少了 83.5%，这说明由于稻旱区中种植的旱地作物（春小麦-套玉米）灌溉量低于稻作区，稻区支沟总量占灌溉水的 45%，稻旱区支沟占灌溉水的 35%，这说明稻区以地表支沟、

表 3-3　试验监测区灌溉期间支渠灌溉水、支沟水总量及其氮、磷组分总量的变化

项目	支渠灌溉水		支沟	
	2006 年稻区	2007 年稻旱区	2006 年稻区	2007 年稻旱区
总量/万 m³	99.5	16.4	131.2	113.7
总氮/kg	5 061.6	479.5	3 318.5	2 669.4
铵态氮/kg	339.8	52.5	227.3	360.7
硝态氮/kg	2 078.1	284.6	1 525.8	1 233.9
（无机氮*/总氮）/%	47.8	70.3	52.8	59.7
化肥**氮/kg	28 362.0	33 897.0		
（支沟无机氮/化肥氮）/%			6.2	4.7
总磷/kg	1 078.8	117.9	287.1	172.3
可溶性无机磷/kg	183.4	7.7	68.6	56.9
可溶性有机磷/kg	104.1	9.4	188.7	115.4
（可溶性无机磷）/总磷/%	17.0	6.5	23.9	33.0
（可溶性有机磷）/总磷/%	9.6	7.9	65.7	67.0
化肥（P₂O₅）/kg	10 266.0	6 944.7		
[支沟可溶性无机磷/化肥（P₂O₅）]/%			0.6	0.8

注：* 无机＝铵态氮＋硝态氮，** 化肥＝每公顷作物施肥料纯养分×作物种植面积。

地表径流为主，而稻旱轮作中的旱地以渗漏、侧渗为主，地表水流失较少。稻区支沟水氮、磷组分变化与稻旱区相比变化不大，氮以无机态氮的硝态氮形式为主，磷以溶解性总磷为主，这说明支沟中无机态氮、磷组分比例高，这与作物施肥有很大关系。另外，稻旱区化肥氮投入比稻区高16.1%，而稻区磷肥的投入比稻旱区低20.6%，稻区支沟无机氮流失占氮肥投入比例比稻旱区低1.9%，稻区溶解性无机磷的流失占化肥磷投入比例与稻旱区相当，都在0.8%左右。以上数据进一步说明监测区支沟中氮流失严重，磷流失较少，而稻区氮肥流失高于稻旱区，施肥是造成支沟氮的污染加重的主要原因，并对黄河水存在潜在的污染威胁。

5. 监测区不同种植结构氮、磷污染负荷评价

表3-4试验监测区不同种植结构氮磷污染负荷评价结果表明，监测区稻旱区灌溉水氮、磷养分投入比稻区减少很多，其中氮减少了90.5%，磷减少了89.1%。稻旱区支沟氮的流失比稻区减少了19.6%，磷的流失减少40.0%。有研究显示，水田氮、磷负荷量分别为10.2~14.7 kg (N) /hm²、1.54~2.21 kg (P) /hm²（张大弟　等，1997），本试验结果与其相比氮的流失高出许多，尤其是稻区。另外，研究表明黄河氮负荷主要来源于人口增加和大量施肥，而磷负荷主要与土壤悬浮颗粒磷有关，与施肥和人口增加无关（Yu et al.，2009），这也与该试验结果比较一致。

表3-4　监测区不同种植结构氮、磷污染负荷评价

项目	氮或磷污染	灌溉量/ (kg·116 hm⁻²)	流失量/ (kg·116 hm⁻²)	总负荷/ (kg·116 hm⁻²)	负荷/ (kg·hm²)
2006 年稻区	氮	5 061.6	3 318.5	1 743.1	15.0
	磷	1 078.8	287.1	791.7	6.8
2007 年稻旱区	氮	479.5	2 669.4	—	—
	磷	117.9	172.3	—	—

注：监测区面积为 116 hm²。

二、结论

1. 明晰了稻区与稻旱区排水氮、磷组分变化规律

稻区与稻旱区排水氮磷组分变化规律一致，以硝态氮为主，磷以溶解性总磷和颗粒磷为主，均为前期含量较高，中后期较低，可溶性总磷与之相反。

2. 确定了稻田、稻旱轮作区排水中氮磷流失规律

灌溉前期排水中氮、磷流失均是在各种作物施肥 7～10 d 后，灌溉后期排水中氮、磷流失是因传统的不合理的灌溉，使水、养分迁移到排水中，造成氮、磷流失。

3. 明确了稻田氮、磷污染负荷主要因素

稻区的氮磷流失高于稻旱区，是氮负荷水稻氮肥施用量较高造成的，磷负荷主要与土壤悬浮颗粒磷有关，与施肥关系不大。

第二节　水稻水肥耦合技术研究与应用

一、水稻水氮耦合调控技术研究

1. 水稻水氮耦合调控技术各项指标分析

（1）不同水氮供应对水稻产量、吸氮量及水氮利用效率。

从表 3-5 可看出，2005 年和 2006 年各处理水稻籽粒产量分别在 5 633.6～8 840.4 kg/hm² 和 2 770.0～6 648.9 kg/hm²，在相同灌水条件下，两年水稻的籽粒产量均随着施氮量的增加呈增加的趋势，秸秆产量、总吸氮量也表现出相同的趋势。

从表 3-6 看出，2005 年水稻主处理间（不同灌水量之间）的籽粒和秸秆产量均无显著差异，但随着灌水量增加地上部总吸氮量显著降低。副处理间（不同施氮量之间）的籽粒、秸秆产量和地上部吸氮量有显著差异，随着施氮量增加而显著增加，其中地上部总吸氮量以 N_3 处理最高，达139.3 kg/hm²。

表 3－5　不同水氮供应对水稻产量与吸氮量的影响

单位：kg/hm²

处理	籽粒产量	秸秆产量	籽粒吸氮量	秸秆吸氮量	总吸氮量
2005 年水稻					
$W_1 \times N_0$	5 707.0	5 005.4	54.8	24.5	79.3
$W_1 \times N_1$	7 193.7	5 759.4	92.6	31.8	124.4
$W_1 \times N_2$	7 473.7	5 875.4	84.8	33.7	118.5
$W_1 \times N_3$	8 840.4	7 302.2	130.6	36.7	167.3
$W_2 \times N_0$	5 633.6	5 225.8	54.8	24.3	79.1
$W_2 \times N_1$	6 967.0	5 771.0	64.7	27.3	92.0
$W_2 \times N_2$	7 120.4	5 301.2	81.5	29.9	111.4
$W_2 \times N_3$	8 573.8	6 339.4	110.7	27.4	138.1
$W_3 \times N_0$	5 687.0	4 564.6	67.8	19.7	87.5
$W_3 \times N_1$	7 693.7	5 974.0	74.1	31.6	105.7
$W_3 \times N_2$	7 433.7	6 728.0	64.5	32.1	96.6
$W_3 \times N_3$	8 393.8	6 594.6	82.6	29.9	112.5
2006 年水稻					
$W_1 \times N_0$	2 770.0	4 387.3	33.4	28.9	62.3
$W_1 \times N_1$	5 084.4	5 885.7	52.8	39.1	91.9
$W_1 \times N_2$	5 285.6	6 540.1	77.5	35.5	113.0
$W_1 \times N_3$	6 648.9	6 526.3	77.9	34.0	111.9
$W_2 \times N_0$	2 773.3	4 531.3	28.3	33.2	61.5
$W_2 \times N_1$	4 361.1	5 790.7	48.8	41.3	90.1
$W_2 \times N_2$	5 137.8	6 923.0	53.2	52.4	105.6
$W_2 \times N_3$	4 944.4	6 393.3	56.2	47.7	103.9
$W_3 \times N_0$	3 381.1	4 264.6	37.6	32.4	70.0
$W_3 \times N_1$	5 401.1	6 762.0	66.1	48.9	115.0
$W_3 \times N_2$	5 303.3	6 633.8	65.4	43.8	109.2
$W_3 \times N_3$	6 443.3	7 017.8	71.1	62.9	134.0

2006 年水稻主处理间（不同灌水量之间）W_2 和 W_3 的籽粒产量存在显著差异，当季地上部吸氮量以 W_3 最高。副处理施氮水平的高低对籽粒和秸秆产量均有显著的影响，籽粒产量和地上部吸氮量随施氮量增加而显著增加。以上结果说明不同控水、控氮处理对产量均有一定的影响，不同灌水量对水稻的产量影响不大，灌水量控制在 W_1 水平（1.2×10^4 m^3/hm^2）就能保证获得较高的产量，而施氮量是影响着水稻产量的关键因子，两季水稻最高产量都出现在 $W_1 \times N_3$ 处理中，分别达到 8 840.4 kg/hm^2 和 6 648.9 kg/hm^2。

表 3-6　不同水氮供应下水稻产量与吸氮量的统计分析

单位：kg/hm^2

处理	籽粒产量	秸秆产量	籽粒吸氮量	秸秆吸氮量	总吸氮量
2005 年水稻					
主处理					
W_1	7 303.7a	5 985.6a	90.7a	31.7a	122.4a
W_2	7 073.7a	5 659.4a	77.9b	27.2a	105.1b
W_3	7 302.0a	5 965.3a	72.2b	28.3a	100.6b
副处理					
N_0	5 675.8b	4 931.9b	59.1b	22.8b	82.0b
N_1	7 284.8a	5 834.8ab	77.2b	30.2ab	107.4b
N_2	7 342.6a	5 968.2a	76.9b	31.9a	108.8b
N_3	8 602.7a	6 745.4a	108.0a	31.3ab	139.3a
2006 年水稻					
主处理					
W_1	4 947.2ab	5 834.9a	60.4a	34.4b	94.8b
W_2	4 304.2b	5 909.6a	46.7b	43.7a	90.3b
W_3	5 132.2a	6 169.5a	60.1a	47.0a	107.1a

续表

处理	籽粒产量	秸秆产量	籽粒吸氮量	秸秆吸氮量	总吸氮量
			副处理		
N_0	2 974.8c	4 394.4b	33.1c	31.5b	64.6c
N_1	4 948.9b	6 146.1a	55.9b	43.1a	99.0b
N_2	5 242.2ab	6 699.0a	65.4ab	43.9a	109.3ab
N_3	6 012.2a	6 645.8a	68.4a	48.2a	116.6a

注：同一列数据不同字母代表差异达 5% 显著水平，下同。

（2）不同水氮处理对水稻农学性状的影响。

表 3-7 显示不同水氮供应下两年水稻的基本农学性状调查结果。无论灌水量还是施氮量对水稻农学性状的影响均不显著，各项指标如株高、穗长、穗数和千粒重在主处理间或副处理间均无显著差异。

表 3-7　不同水氮供应对水稻农学性状的影响

处理	株高/ cm	穗长/ cm	穗数/ （穗·$hm^{-2} \times 10^6$）	千粒重/ g
		2005 年水稻		
$W_1 \times N_0$	80.9	15.4	3.35	28.2
$W_1 \times N_1$	83.3	14.0	4.39	27.2
$W_1 \times N_2$	92.4	17.0	4.31	27.6
$W_1 \times N_3$	91.4	15.6	4.96	27.6
$W_2 \times N_0$	83.1	15.7	3.35	28.2
$W_2 \times N_1$	80.9	16.2	3.26	27.2
$W_2 \times N_2$	87.9	16.5	3.83	27.4
$W_2 \times N_3$	88.3	16.7	3.74	28.2
$W_3 \times N_0$	79.6	15.6	3.35	28.4
$W_3 \times N_1$	85.6	16.8	3.44	27.4
$W_3 \times N_2$	90.5	17.8	3.52	27.8
$W_3 \times N_3$	87.1	16.4	4.13	28.2
		2006 年水稻		
$W_1 \times N_0$	66.5	14.5	3.51	23.9
$W_1 \times N_1$	90.1	17.4	4.70	23.8

续表

处理	株高/ cm	穗长/ cm	穗数/ （穗·hm^{-2}×10^6）	千粒重/ g
$W_1 \times N_2$	80.4	16.6	4.21	23.8
$W_1 \times N_3$	78.1	16.0	4.61	24.2
$W_2 \times N_0$	69.5	15.0	3.13	23.0
$W_2 \times N_1$	82.3	16.6	4.79	24.0
$W_2 \times N_2$	81.8	16.1	4.96	24.2
$W_2 \times N_3$	79.9	16.8	4.35	24.1
$W_3 \times N_0$	75.4	17.5	3.42	24.7
$W_3 \times N_1$	85.7	17.0	4.64	23.9
$W_3 \times N_2$	83.3	16.8	5.22	24.4
$W_3 \times N_3$	79.3	16.0	4.61	23.8

（3）不同氮供应对水稻氮效率影响。

从表 3-8 可看出，2005 年各处理水稻氮肥利用率在 5.1%～37.6%，同一施氮量下，氮肥利用率随灌水量的增加而降低。2006 年各处理水稻氮肥利用率最大值与 2005 年相比有所降低，为 25.0%。灌水量对氮肥生理利用率影响比较大，相同施氮水平下，2005 年水稻氮肥生理利用率随着灌水量的增加而增加，最高可达 191.4 kg/kg（处理 $W_3 \times N_2$），而 2006 年水稻表现出相反的趋势。2005 年水稻的氮肥农学利用率在 8.3～16.7 kg/kg，而 2006 年水稻氮肥农学利用率在 9.0～19.3 kg/kg，说明 2006 年因水稻单位施氮量增加而增加的籽粒产量要高于 2005 年。两年水稻的氮肥偏生产力结果表明，相同灌溉量的氮肥偏生产力都随着施氮量的增加而降低，而同一施氮水平下，各灌水量处理间差异并不大。以上分析结果表明，灌水量和施氮量对水稻氮效率均有不同的影响，合理的灌水量和施氮量及其配比是提高氮素利用率的重要途径。

表 3-8　不同水氮供应下的水稻氮效率

处理	氮肥利用率/ %	氮肥生理利用率/ (kg·kg^{-1})	氮肥农学利用率/ (kg·kg^{-1})	氮肥偏生产力/ (kg·kg^{-1})
2005 年水稻				
$W_1 \times N_0$	—	—	—	—
$W_1 \times N_1$	37.6	33.0	12.4	59.9
$W_1 \times N_2$	21.7	45.2	9.8	41.5
$W_1 \times N_3$	36.7	35.6	13.1	36.8
$W_2 \times N_0$	—	—	—	—
$W_2 \times N_1$	10.8	102.7	11.1	58.1
$W_2 \times N_2$	17.9	46.1	8.3	39.6
$W_2 \times N_3$	19.2	49.8	12.3	35.7
$W_3 \times N_0$	—	—	—	—
$W_3 \times N_1$	15.2	110.3	16.7	64.1
$W_3 \times N_2$	5.1	191.4	9.7	41.3
$W_3 \times N_3$	10.4	108.5	11.3	35.0
2006 年水稻				
$W_1 \times N_0$	—	—	—	—
$W_1 \times N_1$	16.4	78.2	19.3	42.4
$W_1 \times N_2$	21.1	49.7	14.0	29.4
$W_1 \times N_3$	16.5	78.2	16.2	27.7
$W_2 \times N_0$	—	—	—	—
$W_2 \times N_1$	15.9	55.4	13.2	36.3
$W_2 \times N_2$	18.4	53.5	13.1	28.5
$W_2 \times N_3$	14.1	51.3	9.0	20.6
$W_3 \times N_0$	—	—	—	—
$W_3 \times N_1$	25.0	44.9	16.8	45.0
$W_3 \times N_2$	16.3	49.1	10.7	29.5
$W_3 \times N_3$	21.3	47.9	12.8	26.8

（4）不同水氮处理对灌水生产率的影响。

表 3-9 结果表明，相同施氮水平下，当季水稻的灌水生产率随着灌水量的增加而降低。2005 年水稻，在 W_2 和 W_3 灌水处理下，其灌水生产率相

对于 W_1 处理平均分别降低了 0.22 和 0.31 kg/m³，2006 年水稻平均分别降低了 0.17 和 0.20 kg/m³。而在同等灌溉水平下，当季灌水生产率也与施氮量有着密切的关系，总体来说，其灌水生产率随着施氮量增加而提高。由于 2006 年籽粒产量不高，其灌水生产率相对于 2005 年有所降低，平均降低了 0.15 kg/m³。从灌水生产率的角度考虑，本试验比较合理的水氮处理应为 $W_1 \times N_3$，即灌水量应当控制在 W_1 水平 (1.2×10⁴ m³/hm²)，而施氮量为 N_3 处理 (240 kg/hm²)。

表 3-9 2005—2006 年不同水氮供应下水稻灌水生产率

单位：kg/m³

处理	W_1		W_2		W_3	
	2005 年	2006 年	2005 年	2006 年	2005 年	2006 年
N_0	0.48b	0.23c	0.31b	0.15b	0.24a	0.14b
N_1	0.60ab	0.42b	0.39ab	0.24a	0.32a	0.23a
N_2	0.62ab	0.44ab	0.40ab	0.29a	0.31a	0.22ab
N_3	0.74a	0.55a	0.48a	0.27a	0.35a	0.27a
平均	0.61	0.41	0.40	0.24	0.31	0.22

2. 宁夏水氮耦合调控技术对比分析

水和肥是制约水稻生长的重要因素，是水稻产量与品质形成的重要因子。研究水肥间相互关系及其对水稻生长发育、产量的影响，对如何在水分受限制的田间情况下合理使用水肥，提高水肥利用效率和水稻产量有着重要的意义。两年的试验结果表明，在相同灌水水平下，水稻的籽粒产量均随着施氮量的增加呈增加的趋势，秸秆产量表现出类似的趋势。不同灌水量对产量影响不大，施氮量却显著地影响着水稻的产量，地上部吸氮量也随施氮量增加而增加，因此，施氮量成为影响产量的关键因子。当季水稻灌水 1.2×10⁴ m³/hm² 左右已能保证获得较高的产量，对氮肥的管理成为主要因素。实时、实地氮肥管理可以减少氮肥施用量，大幅度地提高水稻产量和氮肥利用率（Liu et al.，2004）。

灌水量和施氮量对水稻氮效率评价有着显著影响。2005 年水稻氮肥利用率在 5.1%～37.6%，同一施氮量下，氮肥利用率随灌水量的增加而降低。2006 年各处理水稻氮肥利用率在 14.1%～25.0%，有 75%～86% 的氮肥未被当季作物吸收、利用。我国水稻等禾谷类作物的氮肥利用率为28%～41%（朱兆良，2006），在一些高产地区可能会更低（冯涛　等，2006）。本试验多数处理的氮肥利用率都要低于这个数值，说明该地土壤基础肥力很高，施入氮肥的当季利用率低，大部分氮素以不同途径损失掉了。灌水量对氮肥生理利用率影响比较大；两年水稻的氮肥农学利用率在 8.3～19.3 kg/kg；氮肥偏生产力在同一灌水水平下，都随着施氮量的增加而降低，而同一施氮水平下，各灌水量处理间差异并不大。相同施氮水平下，当季水稻的灌水生产率随着灌水量的增加而降低。而在同等灌溉水平下，当季灌水生产率随着施氮量增加而提高，这说明了水氮交互作用对提高籽粒产量的作用。通过结果分析，在宁夏引黄灌区水稻的生产中，合理的灌水量应控制在 1.2×10^4 m³/hm² 左右，施氮量在 240 kg（N）/hm² 左右。

3. 结论

（1）明确了水稻的控灌量和施氮量。

灌水量控制在 1.2×10^4 m³/hm² 就能保证获得较高的产量，施氮水平与灌水量为 240 kg（N）/hm² 和 1.2×10^4 m³/hm² 产量最高，分别达到 8 840.4 kg/hm² 和 6 648.9 kg/hm²。

（2）确定了灌水量和施氮量对水稻农学性状的影响。

灌水量和施氮量对各项生理指标（株高、穗长、穗数和千粒重）对灌水量和施氮量几乎无影响。同时灌水量和施氮量对水稻氮效率均有不同的影响。

（3）明晰了相同施氮水平下的灌溉量和灌水生产率关系。

相同灌溉水平下，生产率与施氮量有着密切的关系，灌水生产率随着施氮量增加而提高。

二、基于水稻叶绿素速测诊断推荐施氮技术研究

1. 基于水稻叶绿素速测诊断推荐施氮技术各项指标分析

（1）水稻生育期内 SPAD 值动态变化规律。

从图 3-6 可看出，从水稻分蘖期开始，叶绿素 SPAD 值逐渐增加，分蘖后期到拔节初期 SPAD 值达到最高点，孕穗期—抽穗期 SPAD 值逐渐降低，在生育后期的乳熟期叶片叶绿素值呈明显下降趋势，这说明随着生育期的推进，叶片氮素养分逐步向水稻籽粒转移，即生殖生长向营养生长转移，从而造成叶片叶绿素下降。从不同施氮量处理来看，各点随着施氮量增加，叶绿素 SPAD 值也增加，其中处理 11（表 1-5）的 SPAD 值在孕穗前期最高，达到 44～46。以上数据表明，水稻分蘖前追施氮肥与水稻叶片叶绿素 SPAD 值呈正相关，施氮量越高叶绿素 SPAD 值也越高。施氮量与叶绿素值呈正相关，这一结果与其他研究结果相近（赵天成　等，2008）。

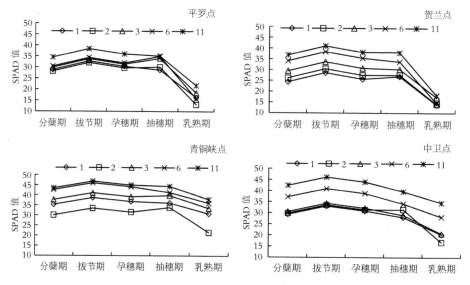

图 3-6　不同氮处理与不同生育期水稻叶片叶绿素 SPAD 值动态变化

（2）水稻试验产量与叶绿素仪读数 SPAD 值相关性。

由图 3－7 可知，在孕穗期处理 6 叶绿素 SPAD 值与产量相关性最好，可以作为最佳追肥量与叶绿素 SPAD 值来推荐，平罗点水稻产量为 8 232 kg/hm²,对应的叶绿素测定值为 32。贺兰点水稻产量为 9 750 kg/hm²，对应的叶绿素测定值为 35。中卫点水稻产量为 10 410 kg/hm²，对应的叶绿素测定值为 39。青铜峡点水稻产量为 11 419 kg/hm²，对应的叶绿素测定值为 44。造成差异的主要原因是种植品种不同与种植环境差异。当施氮量过剩时，SPAD 值（处理 11）随施氮量的增加而增加，且水稻产量比处理 6 有所减少，表明施氮量过高造成水稻后期贪青，产量降低。

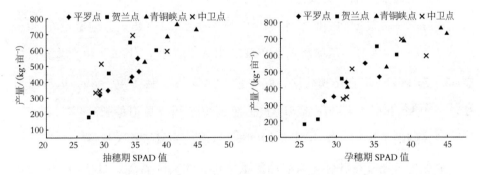

图 3－7　水稻孕穗期、抽穗期叶绿素 SPAD 值与产量的相关性

表 3－10 结果表明，各试验点孕穗期、抽穗期的叶绿素 SPAD 值与产量之间有显著的相关性，且符合线性方程，孕穗期各试验点叶绿素 SPAD 值与产量之间相关系数 R² 范围在 0.669 6～0.919 4，其中青铜峡点、贺兰点的孕穗期最为明显，R² 分别为 0.919 4、0.896 7。抽穗期虽然也显著相关，但没有孕穗期那么显著，范围在 0.522 6～0.861 3。说明水稻孕穗前期对叶片开展养分诊断非常重要，SPAD 养分诊断是评价推荐合理施氮量，提高产量的有效技术方法。

表 3-10　水稻孕穗期、抽穗期叶绿素 SPAD 值与产量的相关性

试验地点	孕穗期		抽穗期	
	方程式	决定系数 R^2	方程式	决定系数 R^2
平罗点	$y = 25.947x - 402.54$	0.7156	$y = 28.967x - 520.97$	0.8476
贺兰点	$y = 39.398x - 823.22$	0.8967	$y = 42.313x - 904.45$	0.7954
青铜峡点	$y = 26.320x - 413.78$	0.9194	$y = 33.630x - 692.71$	0.8613
中卫点	$y = 25.362x - 393.89$	0.6696	$y = 22.873x - 234.44$	0.5226

2. 小结

(1) 明确了水稻关键生育期叶绿素诊断值的氮肥推荐追施量。

在分蘖—拔节期间，叶绿素 SPAD 值要达到 32～35，追施氮量在 30～60 kg/hm²。在拔节—孕穗前期，叶绿素 SPAD 值要达到 35～40，追施氮量在 45～75 kg/hm²，在孕穗后期，叶绿素 SPAD 值控制在 40～45，追施氮量在15～30 kg/hm²，若叶绿素 SPAD 值超过 40，可以免追穗肥。

(2) 明晰了水稻关键生育期叶片叶绿素值与施氮量相关性。

关键生育期叶片叶绿素值与施氮量呈正相关，随着施氮量增加，叶绿素值也增加。尤其在水稻孕穗期、抽穗期前期表现明显，各试验点水稻孕穗期叶绿素 SPAD 值与产量相关系数 R^2 范围在 0.6696～0.9194。

三、水稻水肥耦合氮磷调控技术要点与应用

(一) 水稻水肥耦合氮磷调控技术要点

1. 水氮耦合调控技术要点

(1) 施肥原则。

按照控氮、稳磷、增钾，以及补施硅、锌等原则调控。亩目标产量650 kg以上，推荐亩施纯 N 13～15 kg，施 P_2O_5 5～7 kg，施 K_2O 2～4 kg；亩目标产量 600 kg，亩施纯 N 12～14 kg，施 P_2O_5 4～5 kg，施 K_2O 1～

1.5 kg;亩目标产量 550 kg，亩施纯 N 10～11 kg、施 P_2O_5 3.5～4.5 kg、施 K_2O 1 kg。

（2）技术要点。

① 灌溉技术。

全生育期灌水量控制在 1.2×10^4 m^3/hm^2。苗期—分蘖—拔节期灌溉量占 50%，孕穗期—抽穗前期灌溉量占 35%，抽穗期—灌浆期占 15%。

播种前—苗期灌溉技术：在 4 月底和 5 月初，水稻播种土壤封闭后，及时灌水，水层应达到 10～12 cm；种子露白时，要降低水层，以寸水为宜；发芽期间短时间落干 0.5～1 d，应做到干湿交替，分蘖前期落干晾田结束。

分蘖—拔节期水层管理：分蘖期水层应保持 3～6 cm 的浅水层管理；6 月下旬拔节期控制灌溉量。

孕穗—抽穗前期水层管理：7 月至 8 月上旬，水稻孕穗后期至抽穗前，保持水层在 12～15 cm。

抽穗期—灌浆期水层管理：8 月中旬至下旬，应控制水层在 5～10 cm。

②田间管理、施肥技术要点。

整地、施肥技术：4 月中旬整地，播期是 4 月下旬至 5 月 10 日，亩播量 18～20 kg。亩基施 45%（N 为 22%，P_2O_5 为 14%，K_2O 为 9.0%）配方肥 25 kg;有机肥（N 为 3.5%，P_2O_5 为 1.5%，K_2O 为 2.0%）80 kg。

苗期追肥、田间管理技术：分蘖肥在秧苗返青亩追尿素 10 kg，第 2 次追肥一般田块在旗叶长出 1/2，或幼穗长 1 寸时，亩撒施尿素 6～7 kg。

收获：采用机械（久保田 PRO588/888GM）收获，颖壳变黄，米粒转白，手压不变形，稻谷含水量在 19%～22%时收获。9 月下旬，采用机械收获。

2. 基于水稻叶绿素仪诊断值推荐追施氮肥技术要点

（1）基施肥技术。

在插秧稻上，亩产量 600 kg～700 kg 的稻田，基施尿素 16.3～17.4 kg/亩或碳铵 44～47 kg/亩，基施磷酸二铵 16.3～17.4 kg/亩或重过磷酸钙12.2～

14.8 kg/亩或普通过磷酸钙47~57 kg/亩，幼苗旱长栽培水稻，产量600~650 kg/亩的稻田，基施尿素16.3~17.9 kg/亩或碳铵44~48 kg/亩，基施磷酸二铵12.2~13.5 kg/亩或重过磷酸钙12.2~13.5 kg/亩或普通过磷酸钙47~57 kg/亩。在播种或插秧（泡地）前将基施肥混匀后撒施，然后耙地整地，待播。有条播机条件的用条播机播肥效果更好。

（2）苗期基于叶绿素诊断值推荐施氮技术。

苗期水稻叶绿素诊断值 SPAD 值要达到 32~35，追施尿素 4.5~7.5 kg/亩，SPAD值低于32，追施尿素增加2 kg；但 SPAD 值高于 35 则不再追氮肥；采用撒施方法施肥，肥料撒施后灌水，田面保持薄水层返青活苗，稻田做到"干干湿湿"有利于秧苗成活。

（3）分蘖—拔节期基于叶绿素诊断值推荐施氮技术。

分蘖期叶绿素诊断值 SPAD 值要达到 35~40，追施尿素 6.5~10.5 kg/亩。SPAD 值低于 35，追施尿素增加 2 kg，若 SPAD 值高于 40 则不再追氮肥，采用撒施方法施肥，撒施后灌水，灌寸水。

（4）孕穗期基于叶绿素诊断值推荐施氮技术。

水稻在孕穗期叶绿素诊断值 SPAD 值要达到 40~45，追施尿素 4.3~5.5 kg/亩。SPAD值低于40，追施尿素增加 2 kg，若其高于 45 则不再追氮肥，采用撒施方法施肥，撒施后灌水，要保持一定水层，深水护胎。

（三）应用效果

1. 各项关键技术突破

（1）水稻水肥生态耦合氮磷调控技术。

针对水稻基肥和前两次追肥是氮磷流失主要高峰期的问题，提出从水稻源头控制灌水和施肥，该项技术在水稻不减产情况下（600 kg/亩）比常规氮、磷肥施用量减少20%和10%，节水30%，达到控制稻田氮磷的流失的目的。

（2）基于叶绿素仪诊断值的水稻推荐施氮技术。

引黄灌区农民传统追肥方式存在前期重、后期轻的现象，在技术上存在水稻生长期间追施氮肥当作黑箱考虑，没有具体氮素养分作物丰缺的量化指标技术等问题，而造成氮肥利用率低，农业面源污染加重的状况。针对以上问题，我们采用 SPAD502 叶绿素养分诊断仪，结合水稻肥料试验，在水稻生育期关键时期采用 SPAD 叶绿素养分诊断值的基础上，提出基于叶绿素仪诊断值的水稻推荐施氮技术，该项技术保证水稻亩产量在 550 kg 以上，每亩可减少追施氮 2～4 kg，每亩减少氮肥投入成本 10～15 元。

2. 应用效果

示范推广水稻水肥生态耦合调控技术和基于叶绿素仪诊断值的水稻推荐施氮技术 30 万亩，减少氮肥、磷肥施用量 20% 和 10%，累计增产 1 900 万，新增产值 828.0 万元。

第三节　宁夏旱直播水稻化肥减施增效关键技术研究

一、有机无机肥配施技术

1. 结果分析

（1）有机肥配施对水稻产量的影响。

由图 3-8 可知，施用化肥各处理水稻产量在 10 268～10 607 kg/hm²。与 T2 处理常规只施用化肥比较，T3、T4 和 T5 处理分别配施有机肥 3 000 kg/hm²，在氮肥用量分别降低 10%、20% 和 30% 的条件下，水稻产量不仅没有减少，反而略有增加，增产幅度分别为 2.1%、3.3% 和 2.2%。各处理间比较以 T4 处理水稻产量最高，达到 10 607 kg/hm²。可见在配施有机肥 3 000 kg/hm² 条件下，常规施肥处理氮肥减量 20% 水稻产量不仅不会降低，反而增产 3.3%，是较为合理的有机肥配施模式。

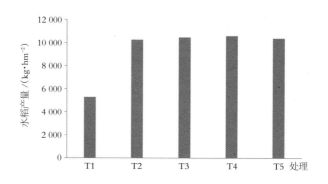

图 3 - 8　有机肥配施对水稻产量的影响

（2）有机肥配施对水稻产量构成因素的影响。

从表 3 - 11 可以看出，与 T1 只施用有机肥处理比较，施用化肥各处理均显著促进了水稻营养生长，提高了水稻的株高，为产量形成奠定了基础。与 T2 处理常规只施用化肥比较，配施有机肥各处理水稻的穗粒数均有所增加，其中 T3 处理穗粒数最多，比 T2 处理增加了 5.7%。配施有机肥水稻籽粒千粒重也有一定程度的增加，其中千粒重以 T4 处理最重，比 T2 处理增加了 2.2%。除 T1 处理水稻的亩穗数较低外，其余各处理间差异不大。

表 3 - 11　有机肥配施对水稻产量构成因素的影响

处理	株高/cm	穗长/cm	穗粒数/个	空秕率/%	千粒重/g	亩穗数/万穗
T1	89.0	18.1	80.4	5.2	25.9	19.9
T2	100.9	20.5	104.4	3.8	27.8	26.5
T3	102.6	21.1	110.4	3.6	28.1	26.5
T4	102.0	20.3	109.8	3.5	28.4	26.6
T5	100.7	20.8	108.8	3.1	28.3	26.5

（3）有机肥配施对土壤肥力的影响。

从表 3 - 12 可以看出，与 T1 处理比较，其余各处理水稻收获后有机质、速效磷和速效钾养分均有不同程度的降低，尤其是土壤速效钾含量下降幅度较大，原因是水稻是喜钾作物，随着植株收获大量的钾肥被从土壤带走，加上钾肥施用量较低，导致土壤速效钾含量下降，在以后的种植中需要注意钾肥的补充。与 T2 处理常规只施用化肥比较，T5 处理由于氮肥减施 30%，土壤碱解氮和总氮含量下降幅度最大，但当减氮不超过 20% 时，土壤碱解氮和总氮含量下降幅度不大。

表 3 - 12　有机肥配施对土壤肥力的影响

处理	pH	全盐/ (g·kg^{-1})	有机质/ (g·kg^{-1})	全氮/ (g·kg^{-1})	碱解氮/ (mg·kg^{-1})	速效磷/ (mg·kg^{-1})	速效钾/ (mg·kg^{-1})
T1	8.6	0.30	14.2	0.78	70.0	14.8	164
T2	8.2	0.40	11.7	1.03	74.2	14.2	145
T3	8.4	0.38	12.9	0.92	72.8	14.3	112
T4	8.2	0.33	11.0	1.01	75.8	13.1	119
T5	8.4	0.35	11.4	0.78	39.8	13.5	128

2. 结论

（1）与 T2 处理常规只施用化肥比较，配施有机肥处理在氮肥用量上分别降低 10%、20% 和 30%，水稻产量没有减少，T4 处理氮肥减量 20% 是较为合理的有机肥配施模式。配施有机肥能够增加植株高度，有利于建立良好的群体结构，配施有机肥各处理水稻穗粒数和千粒重均有一定程度的增加，亩穗数各处理间差异不大。

（2）与 T1 处理比较，其余水稻收获后有机质、速效磷和速效钾养分均有不同程度的降低，尤其需要注意钾肥的补充。T5 处理由于氮肥减施 30%，土壤碱解氮和总氮含量下降幅度最大，但当减氮不超过 20% 时，土壤碱解氮和总氮含量下降幅度不大。

二、水稻控释肥施用技术研究

1. 水稻控释肥施用技术各项指标分析

（1）控释氮肥施用对水稻产量及构成因素的影响。

从表 3 - 13 可以看出，与 CK 处理比较，氮肥的施用显著提高了水稻的产量，各施肥处理水稻产量增产率在 60.84%～84.20%，施肥处理间水稻产量最高的是 C - 225 处理，其次是 FP 处理，但各处理间差异不显著。与 FP 处理比较，C - 180 处理和 C - 225 处理在氮肥用量分别降低了 25% 和 40% 的条件下，水稻籽粒产量并没有降低，C - 270 处理由于水稻后期营养生长过旺，在水稻收获前出现了倒伏，因此导致水稻产量降低。可见在宁夏引黄灌区采用控释氮肥全量基施技术，施氮量在 185 kg/hm²～225 kg/hm²，水稻产量可以保持稳定，当控释氮肥降低（135 kg/hm² 以下）或者过高（270 kg/hm² 以上）时，都会造成水稻减产。对水稻产量构成因素进行分析，C - 180 处理和 C - 225 处理保障了水稻的有效穗数与 FP 处理比较没有降低，而控释氮肥后期缓慢释放显著提高了穗粒数，所以在氮肥投入降低的条件下水稻籽粒产量没有降低。

表 3 - 13　控释氮肥全量基施对水稻产量及构成因素的影响

处理	籽粒产量/ （kg · hm⁻²）	增产率/ %	株高/ cm	穗数/ （个 · m⁻²）	穗粒数/ 个	千粒重/ g
CK	5 637a	—	86.97a	20.30a	149.50a	26.04a
FP	10 197c	80.89	94.50b	23.33b	186.93b	24.12a
C - 135	9 333b	65.57	92.27b	19.27a	155.70a	26.96a
C - 180	9 990c	77.22	95.03b	26.30b	194.10b	26.40a
C - 225	10 383c	84.20	92.17b	24.13b	199.47b	26.48a
C - 270	9 067b	60.84	99.93c	19.17a	153.30a	24.56a

（2）控释氮肥施用对水稻氮素吸收和氮肥利用效率的影响。

施氮量与常规施肥比较有不同程度的降低，但水稻吸氮量只有 C-135 处理显著低于 FP 处理，C-225 处理总吸氮量最高，比 FP 处理提高了 10.38%。用差减法计算了不同处理对水稻氮肥利用效率的影响，结果表明，与 FP 处理比较，控释氮肥施氮量控制在 270 kg/hm² 以下时，均显著提高了氮肥利用率。C-135 处理、C-180 处理和 C-225 处理氮肥利用率在 38.65%～41.18%，分别比 FP 处理提高了 10.22、11.10 和 12.75 个百分点，各处理氮肥利用率高低表现为 C-225＞C-180＞C-135＞C-270（见表 3-14）。

表 3-14　控释氮肥全量基施对水稻氮素吸收和利用率的影响

处理	秸秆吸氮量/ (kg·hm⁻²)	籽粒吸氮/ (kg·hm⁻²)	总吸氮/ (kg·hm⁻²)	氮肥利用率/ %
CK	21.63	54.84	76.47 a	—
FP	37.33	115.89	153.23 c	28.43 a
C-135	32.66	95.99	128.64 b	38.65 b
C-180	41.92	105.71	147.63 bc	39.53 b
C-225	59.82	109.31	169.13 c	41.18 b
C-270	52.48	104.66	157.14 c	29.87 a

（3）控释氮肥施用对稻田田面水、淋溶水总氮浓度的影响。

由图 3-9 可以看出，由于 FP 处理氮源为尿素，且 60% 作为基肥施入，在水稻移栽后第 2 d 田面水中的总氮浓度即达到最大值 6.63 mg/L，显著高于其他处理，控释氮肥各处理总体表现为田面水中的总氮浓度随着施氮量的增加而升高，但总氮浓度显著低于 FP 处理，变化范围在 1.64～3.66 mg/L，CK 处理的田面水总氮浓度最低，仅为 0.35 mg/L。FP 处理在分蘖期（6 月 10 日）追肥一次，在水稻生育前期（7 月 4 日前）田面水中的总氮浓度一直高于其他处理，直到 7 月初水稻拔节连续一周的晒田增加了土壤中氮素的矿化，C-225 处理和 C-270 处理田面水中的总氮浓度才超过 FP 处理。8 月水稻进入灌浆期以后，各施肥处理间田面水中 N 浓度差异不显著。控释氮肥全量基施有效降低了水稻生育前期田面水中总氮浓度，减少了因为稻田排水和径流导致的氮素损失。

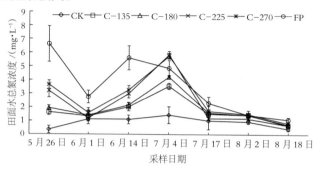

图 3-9　控释氮肥全量基施对田面水总氮浓度的影响

由图 3-10 可看出，浅层淋溶水采集的是深度 0～20 cm 的淋溶水样，采样深度跟施肥深度高度吻合，因此浅层淋溶水中的总氮浓度跟氮肥施用量有着显著的正相关关系，尤其是在水稻生育前期。FP 处理水稻移栽后第 2 d 达到最高，为 25.56 mg/L，由于前期分蘖期和拔节期连续两次追肥，浅层淋溶水中的总氮浓度在 7 月之前一直维持在较高水平，之后随着生育期的延长逐渐降低。各控释氮肥处理在水稻移栽一周后浅层淋溶水中总氮浓度达到最大值，在 7.38～16.63 mg/L，之后逐渐减少，且全生育期均低于 FP 处理。CK 处理浅层淋溶水中总氮浓度一直维持在最低水平，全生育期浓度在 4.47 mg/L 以下。

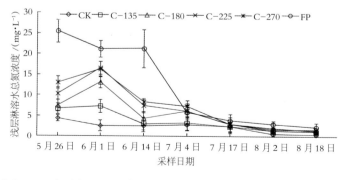

图 3-10　控释氮肥全量基施对浅层淋溶水（20 cm）总氮浓度的影响

从图 3－11 可得知，深层土体中（60 cm）总氮浓度变化较为平缓，各施肥处理表现为随着水稻生育期的延长，深层淋溶水中的总氮浓度呈现出先缓慢升高然后逐渐降低的过程。FP 处理由于生育期内有两次追肥，因此深层淋溶水中总氮浓度峰值出现在水稻移栽 40 d 后，最大值达到 16.32 mg/L，远高于同期 C－270 处理 6.47 mg/L 的水平。控释氮肥各处理由于前期氮素释放较慢，因此深层淋溶水中总氮浓度峰值出现时间较晚，出现在水稻移栽后约 50 d，变化范围在 4.39～8.82 mg/L，远低于 FP 处理，显著降低了氮素向深层水体的淋洗。

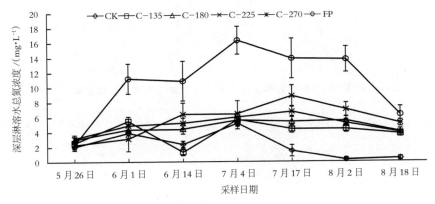

图 3－11　控释氮肥全量基施对深层（60cm）淋溶水总氮浓度的影响

（4）控释氮肥施用对氮素淋洗损失的影响。

从图 3－12 得知，利用 100 cm 层次淋溶水中的总氮浓度计算了稻田全生育期的氮素淋洗损失量。CK 处理因为全生育期没有氮肥施入，因此全生育期氮素淋洗损失仅有 7.85 kg/hm²，FP 处理由于过量施用氮肥，且氮源为速效氮肥，水稻生育前期极易造成氮素的淋洗损失，全生育期氮素淋洗损失总量为 24.57 kg/hm²，显著高于其他处理。控释氮肥各处理的氮素淋洗损失总量在 11.54～17.35 kg/hm²，淋失量与施氮量呈正相关关系（见图 3－13），随着施氮量的提高逐渐增加。如果以各施肥处理的总氮淋失量与 CK 处理的总氮淋失量差值作为氮肥净淋失量，则 FP 处理净淋失量为 16.72 kg/hm²，占氮肥施用量的 5.57%；C－135、C－180、C－225 和 C－

270 处理的 TN 净淋失量分别为 3. 69 kg/hm²、6. 90 kg/hm²、8. 46 kg/hm²
和 9. 50 kg/hm²，分别占控释氮肥施用量的 2. 73%、3. 83%、3. 76% 和
3. 52%，可见采用控释氮肥作为氮源减少了总氮淋洗损失的总量，降低了氮
肥淋失比例。

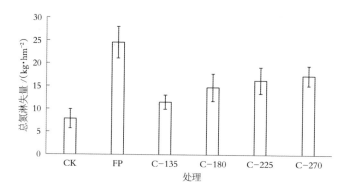

图 3-12 控释氮肥全量基施用对稻田总氮淋失量的影响

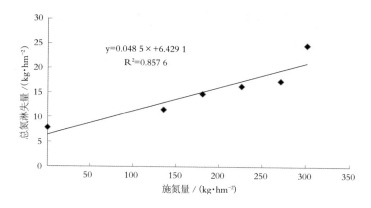

图 3-13 稻田施氮量与总氮淋失量的相关性

2. 水稻控释肥施用技术对比分析

（1）控释氮肥全量基施对水稻产量和氮肥利用效率的影响。

施肥尤其是氮肥是水稻获得高产的基础（张爱平　等，2012），氮肥在
水稻作物生产和获得高产方面发挥着重要的作用，合理施用氮肥可以显著促
进水稻的生长、干物质积累和籽粒产量的提高（张晴雯　等，2010）。本研
究表明，与常规施肥处理比较，控释氮肥全量基施在氮肥用量降低了 25% 的

条件下，水稻籽粒产量并没有降低，当控释氮肥用量达到 270 kg/hm² 时，水稻后期营养生长过旺，在水稻收获前出现了倒伏，导致水稻产量降低。课题组前期研究结果也表明，采用氮肥后移技术在氮肥用量减少 20% 的条件下，水稻籽粒产量没有降低（刘汝亮　等，2012）。控释氮肥通过延迟氮素的释放周期，在水稻生育后期持续地供应氮素养分，从而显著提高水稻籽粒产量。张爱平等（2012）研究结果表明，采用控释肥料侧条施用技术，水稻氮素投入量比农民常规施肥处理降低约 40%，水稻产量没有降低，穗粒数和千粒重比农民常规施肥处理增加 17.0% 和 16.6%。与尿素作为氮源相比，控释氮肥可不同程度地增加后期土壤氮素有效性，更好地协调全生育期氮素供应，有利于增加作物养分吸收，提高氮肥利用效率（刘德林　等，2002）。本研究条件下由于控释氮肥全量基施，肥料可以在水稻根系附近形成一个高浓度贮肥库逐渐释放养分供作物吸收，保障了水稻生育后期养分的持续供应，降低氮肥投入并没有显著降低水稻植株对氮素的吸收量，各控释氮肥处理氮肥利用率在 38.65%～41.18%，分别比 FP 处理提高了 10.22～12.75 个百分点。也有研究表明，控释肥料持续供应养分可以使作物提高光合酶活性，有效协调植株各器官氮素动态过程，加速氮素在各器官中的转运，进而提高籽粒产量，促进了氮素吸收，从而提高了肥料利用率（Ke et al.，2017）。

（2）控释氮肥全量基施对稻田氮素淋失的影响。

控释氮肥由于释放速度缓慢，满足了水稻生育后期对氮素养分的吸收和利用，有利于养分在秸秆和籽粒内累积（蒋曦龙　等，2014），从而增加植株对氮素的吸收量，提高氮肥利用率，因此施用控释氮肥可以作为一种防控农业面源污染的有效途径（张爱平　等，2012）。宁夏 90% 以上的黄河引水用于农田灌溉，由于引黄灌区的土壤类型为人为长期耕作形成的灌淤土，土体结构疏松，保水、保肥性较差（张爱平　等，2014）。农户为了追求水稻高产，过量施肥尤其是过量施用氮肥，充足灌水的"源"加上过量施肥的"库"，导致稻田养分通过侧渗和径流进入排水沟，再排入黄河水体，对黄河上游水质安全造成较大的威胁（洪瑜　等，2017）。前期研究（张晴雯，2010）结果表明宁夏引黄灌区稻田氮素损失率在20%～65%，其中淋洗损失为主要的损失途径，且氮素的淋失主要发生在水稻生育前期，形态以硝态氮为主，占全氮流失量的65%左右。易军等人（2011）的研究结果表明用尿素作氮源施入农田后迅速溶解，施肥1～3 d内田面水中总氮浓度达到最高值，然后迅速降低，施肥后10 d内是氮素径流损失的关键时期。控释氮肥由于肥料自身释放缓慢的特性，可以显著降低田面水中总氮浓度，进而减少氮素随降雨或者农田排水径流损失的风险（纪雄辉　等，2006）。本研究条件下，常规施肥处理在水稻移栽后第2 d田面水中总氮浓度迅速达到峰值，控释氮肥各处理田面水中总氮浓度仅有常规施肥处理的24.74%～55.20%，浅层淋溶水和深层淋溶水总氮浓度也低于常规施肥处理，有效降低了氮素向深层土壤淋失，并减少了氮素的淋失量，C-180处理和C-225处理总氮淋失量分别比常规施肥降低了46.17%和49.40%。综合考虑水稻产量和氮素淋失因素，宁夏引黄灌区水稻种植中控释氮肥减量施用25%～40%是较合理的氮肥运筹模式。由于稻田氮素转化和损失受到多种条件的影响，且本试验仅为当年的研究结果，缺少连续长期减氮施肥的研究结果，关于控释氮肥全量施用对水稻生理特性和氮素在植株转运的研究还待深入。

3. 小结

（1）不同施用控释氮肥处理可提高水稻产量、氮肥利用率，明确了控释氮肥施用量。

施用控释氮肥的C-135、C-180和C-225 3个处理氮肥利用率分别比FP处理提高了10.22、11.10和12.75个百分点。控释氮肥用量在225 kg/hm² 时，后期营养生长过剩会造成水稻倒伏，影响产量。

（2）提出的水稻控释氮肥全量施用技术，可有效控制稻田田面水、浅层和深层淋溶水的总氮含量。

基施适宜的施氮量在180～225 kg/hm²，显著低于FP处理，浅层和深层淋溶水总氮浓度也低于常规施肥处理，分别降低了46.17%和49.40%。

三、旱直播水稻化肥减施增效集成技术模式构建与应用

构建了基于有机无机配施、氮控释氮肥的旱直播水稻化肥减施增效集成技术模式，并在宁夏北部引黄灌区应用，取得一定的生态、经济和社会效益。

1. 有机无机配施技术要点

（1）施肥总原则。

坚持无机有机结合原则，在施用有机肥的基础上合理减施化肥，目标亩产量600 kg以上，在施用有机肥基础上，亩施纯N、P_2O_5、K_2O量分别为14~6 kg、4~6 kg和3~5 kg。

（2）整地、施肥和播种技术。

4月中旬使用激光平地仪平地，亩基施45%配方肥（N为22%，P_2O_5为14%，K_2为9.0%）25 kg；7%动物源商品有机肥（N为3.5%，P_2O_5为1.5%，K_2O为2.0%）80 kg，用播肥机分两次播入，机械旋耕后用激光平地仪复平；4月下旬播种，亩播量18~20 kg。

（3）苗期土壤封闭、茎叶杀除杂草和追肥技术。

①土壤封闭技术：5月上旬初灌上水3~7 d后，采用无人机飞防作业，亩用90%仲丁灵75~100 mL，兑水800~1 000 mL土壤封闭防除杂草。

②茎叶杀除草技术：在水稻2.0~2.5叶时，采用无人机亩用25%氰氟草酯300~350 mL，兑水1000~1200 mL飞防防除杂草；二封，茎叶除草灌水后3~7 d内，采用无人机亩用30%丙草胺100 mL拌肥或细沙土，飞防封闭防除杂草。

③苗期追肥技术：5月下旬，亩追施尿素10~11 kg。

（4）分蘖—拔节末期田间管理技术。

6月上旬至7月上旬，第2次追肥，亩撒施尿素5~7 kg。无人机防治病

虫害：7 月上旬，采用无人机飞防病虫害，亩用 1 000 亿孢子/g 枯草芽孢杆菌 6～12 g＋40%氯虫＋噻虫嗪（8～10g）。

（5）收获期：在 9 月下旬至 10 月上旬，稻谷含水量达到 18%～22%时，采用半喂入式联合收割机适时收割。

2. 控释氮肥精准施用技术要点

（1）整地、控释肥和播种技术。

4 月中旬使用激光平地仪平地施肥、旋耕；亩基施宁夏直播水稻专用肥（N 为 32%，P_2O_5 为 13%，K_2 为 6%）基础上，基施用控释氮肥 40 kg；4 月下旬播种，亩播量 18～20 kg。

（2）茎叶杀除杂草和追肥技术。

①土壤封闭技术：5 月上旬初灌上水 3～7 d 后，采用无人机飞防作业，亩用 90%仲丁灵 75～100 mL，兑水 800～1 000 mL，土壤封闭防除杂草。

②茎叶杀除草技术：在水稻 2.0～2.5 叶时，采用无人机亩用 25%氰氟草酯 300～350 mL，兑水 1 000～1 200 mL，采用无人机飞防，防除杂草；二封，茎叶除草灌水后 3～7 d 内，采用无人机亩用 30%丙草胺 100 mL 拌肥或细沙土飞防封闭防除杂草。

③苗期追肥技术：5 月下旬，亩追施尿素 4～5 kg。

（3）病虫害防治技术。

7 月上旬，采用无人机飞防防治病虫害，亩用 1 000 亿孢子/g 枯草芽孢杆菌 6～12 g 加上 20%三唑磷（100～150 mL）；7 月中旬至 9 月中旬，亩用 40%稻瘟灵＋40%氯虫＋噻虫嗪（8～10 g）＋磷酸二氢钾（50 g）。

（4）收获期。

在 9 月下旬至 10 月上旬，稻谷含水量达到 18%～22%时，采用联合收获机适时收割。

四、应用效果

由表 3－15 可以看出，在引黄灌区银川市、平罗县和青铜峡市示范推广有机肥替代化肥融合技术（模式Ⅰ）42万亩，平均增产6.3%，节本增收5 587.20万元，示范农机与控释氮肥精准施用融合技术（模式Ⅱ）28.0万亩，平均增产7.3%，节本增收6 645.4万元，累计增收约1.22亿元。

表3-15　水稻化肥减施增效集成技术应用情况统计

区域	模式Ⅰ			模式Ⅱ		
	面积/万亩	增产/%	增收/万元	面积/万亩	增产/%	增收/万元
银川市	21.6	6.5	2 907.36	14.4	7.6	3 510.72
平罗县	13.5	6.0	1 682.10	9.0	6.9	2 059.20
青铜峡市	21.6	6.6	997.74	4.6	7.4	1 075.48
合计	56.7	—	5 587.20	28.0	—	6 645.40

注：模式Ⅰ中，水稻平均增产6.4%，新增销售额以96.6元计、省工与机械费用以8.0元计；模式Ⅱ中，水稻平均增产7.3%，新增销售额以154.8元计；省工与机械费用以36.0元计；3年稻谷价格按每千克2.7元、2.8元和3.0元计。

旱直播水稻化肥减施增效集成技术推广应用，有机无机配施技术推广应用，提高了水稻产量，改善水稻品质，提升耕地土壤肥力，改良土壤结构，促进耕地土壤健康，控释氮肥精准施用技术，提高了氮肥利用率，有效控制稻田土壤氮素养分流失，以上两项技术可复制、可推广性强，经济效益较显著，改善了稻田土壤生态环境，社会效益凸显，实现水稻产业农业绿色、健康和可持续发展，应用前景广阔。

本章参考文献

曹志洪，林先贵，杨林章，等，2005. 论"稻田圈"在保护城乡生态环境中的功能：Ⅰ.稻田土壤磷素径流迁移流失的特征 [J].土壤学报，42（5）：799-804.

曹志洪，林先贵，2006.太湖流域土—水间的物质交换与水环境质量 [M].北京：科学出版社：106-115.

冯涛，杨京平，施宏鑫，等，2006.高肥力稻田不同施氮水平下的氮肥效应和几种氮肥利用率的研究 [J].浙江大学学报，32（1）：60-64.

付伟章，史衍玺，2005. 施用不同氮肥对坡耕地径流中 N 输出的影响 [J]. 环境科学学报，25（12）：1676-1681.

洪瑜，王芳，刘汝亮，等，2017. 长期配施有机肥对灌淤土春玉米产量及氮素利用的影响 [J]. 水土保持学报，31（2）：248-253.

纪雄辉，郑圣先，鲁艳红，等，2006. 施用尿素和控释氮肥的双季稻田表层水氮素动态及其径流损失规律 [J]. 中国农业科学，39（12）：2521-2530.

蒋曦龙，陈宝成，张民，等，2014. 控释肥氮素释放与水稻氮素吸收相关性研究 [J]. 水土保持学报，28（1）：215-220.

刘德林，聂军，2002. 15N 标记水稻控释氮肥对提高氮素利用效率的研究 [J]. 激光生物学报，11（2）：87-92.

刘汝亮，李友宏，张爱平，等，2012. 育秧箱全量施肥对水稻产量和氮素流失的影响 [J]. 应用生态学报，23（7）：1853-1860.

马玉兰，2008. 宁夏测土配方施肥技术 [M]. 银川：宁夏人民出版社：23-24.

王庆仁，李继云，1999. 论合理施肥与土壤环境的可持续性发展 [J]. 环境科学进展，7（2）：116-123.

王少华，曹卫星，王强盛，等，2002. 水稻叶色分布特点与氮素营养诊断 [J]. 中国农业科学，35（12）：1461-1466.

谢红梅，朱波，2003. 农田非点源氮污染研究进展 [J]. 生态环境，12（3）：349-352.

易军，张晴雯，王明，2011. 宁夏黄灌区灌淤土硝态氮运移规律研究 [J]，农业环境科学学报，30（10）：2046-2053.

张爱平，刘汝亮，杨世琦，等，2012. 基于缓释肥的侧条施肥技术对水稻产量和氮素流失的影响 [J]. 农业环境科学学报，31（3）：555-562.

张爱平，刘汝亮，高霁，等，2014. 生物炭对灌淤土氮素流失及水稻产量的影响 [J]. 农业环境科学学报，33（12）：2395-2403.

张大弟，张晓红，张家骏，等，1997. 上海市郊区非点源污染综合调查评价 [J]. 上海农业学报，13（1）：31-36.

张晴雯，张惠，易军，等，2010. 青铜峡灌区水稻田化肥氮去向研究 [J]. 环境科学学报，30（8）：1707－1714.

朱兆良，2006. 推荐氮肥适宜施用量的方法论刍议 [J]. 植物营养与肥料学报，12（1）：1－4.

赵天成，刘汝亮，李友宏，等，2008. 用叶绿素仪预测水稻氮肥施用量的研究 [J]. 宁夏农林科技，6：9－11.

Haygarth P M，Jarvis S C，1999. Transfer of phosphorus from agricultural soils [J]. Advances in Agronomy，26：195－249.

Ke J，Xing X M，Li G H，et al.，2017. Effects of different controlled－releasenitrogen fertilisers on ammoniavola－tilisation，nitrogen use efficiency and yield of blanket－seedling machine－transplanted rice [J]. Field Crop Research，205：147－156.

Liu L J，Sang D Z，Liu C L，et al.，2004. Effects of real－time and site－specific nitrogen managements on rice yield and nitrogen use efficiency [J]. Scientia Agricultura Sinica，3（4）：262－268.

Nguyen M K，Pham Q H，Ingridö，2007. Nutrient flow in small－scale peri－urban vegetable farming systems in Southeast Asia－A case study in Hanoi [J]. Agriculture，Ecosystems & Environment，122：192－202.

Yu T，Meng W，Edwin O，et al.，2009. Long－term variations and causal factors in nitrogen and phosphorus transport in the Yellow River，China [J]. Estuarine，Coastal and Shelf Science，86：345－351.

第四章　宁夏引黄灌区小麦氮磷流失面源污染绿色防控技术研究

第一节　水肥协同调控对宁夏引黄灌区小麦田氮磷淋失量的影响研究

一、小麦田地下淋溶量发生规律

1. 不同水肥处理对小麦田淋溶量的影响

（1）不同水肥处理下小麦田淋溶发生动态规律。

由图 4-1 可以看出，小麦田 3 年（2018—2020 年）各处理淋溶量均表现为 BMP＜KF＜CON，3 年淋溶量的动态变化规律为先降低后升高趋势，冬灌（W）＞春季第 1 次灌溉＞第 2 次灌溉，6 月淋溶量最低；CON、KF 常规灌溉处理和 BMP 节水灌溉处理下的淋溶量平均值分别为 230.02 m³/hm²、212.15 m³/hm² 和 188.81 m³/hm²，与 CON 处理相比，BMP 处理淋溶量降低了 17.92%。灌溉量与淋溶量密切相关，冬灌是小麦田淋溶量最高时期，BMP 节水控灌处理可减少小麦田的淋溶量。

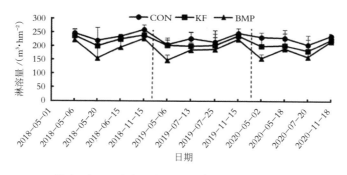

图 4-1　不同水肥处理下小麦田淋溶量发生动态

（2）不同水肥措施下小麦田总淋溶量。

由图4-2可知，不同年际间淋溶量大小各处理均表现为CON＞KF＞BMP，BMP与CON处理相比差异显著，CON、KF、BMP处理淋溶量分别在775.00～1020.83 m³/hm²、637.50～968.33 m³/hm²、600.83～958.33 m³/hm²，另外，从图4-2小麦田累积淋溶量数据可以看出，与CON处理相比3个处理差异显著，BMP、KF处理累积淋溶量分别降低了19.1%、9.1%。以上数据进一步说明节水控灌BMP处理有效控制了淋溶量。

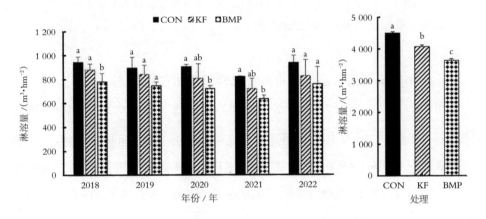

图4-2　不同水肥处理下小麦田总淋溶量

2. 不同水肥处理下小麦田氮磷淋失动态变化规律

由图4-3可看出，小麦试验监测点2018—2020年氮磷淋失量各处理表现为CON＞KF＞BMP，淋失量动态变化规律表现为逐渐增高的趋势，冬灌（W）最高，春季第一次灌溉施肥（T1）氮淋失量较高，仅灌溉（IR）淋失量较低；3年BMP处理氮淋失量变化范围为1.80～18.16 kg/hm²，KF处理淋失量变化范围为2.34～18.10 kg/hm²，CON处理淋失量变化范围为3.40～22.25 kg/hm²，总磷淋失量动态变化规律与氮基本一致。以上数据表明灌溉与施肥均能够提高小麦田淋失量，冬灌和灌水施肥是小麦田淋失量最高时期，节水控灌＋减施化肥可有效控制淋失量。

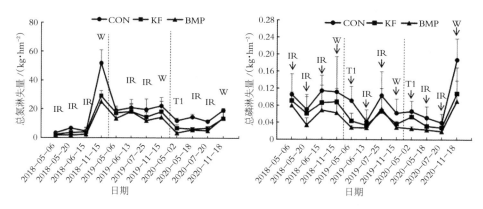

图 4-3　2018—2020 年不同水肥处理下小麦田氮、磷淋失量动态

注：IR 为灌水；T 为灌水追肥；W 为冬灌。

二、小麦田不同形态氮及可溶性总磷淋失量变化动态

图 4-4 显示，小麦田不同水肥处理不同形态氮的淋失总量大小为可溶性总氮＞硝态氮＞铵态氮；可溶性总氮、硝态氮和铵态氮的淋失总量大小各处理表现为 CON＞KF＞BMP。CON、KF、BMP 3 个处理可溶性总氮淋失量变化范围分别为 11.08～65.14 kg/hm²、6.00～52.55 kg/hm²、4.09～43.25 kg/hm²，呈逐年降低的趋势；硝态氮淋失量变化范围分别为 4.02～29.34 kg/hm²、1.60～14.75 kg/hm²、0.72～18.80 kg/hm²；铵态氮淋失量变化范围分别为 0.06～0.46 kg/hm²、0.05～0.31 kg/hm²、0.02～0.23 kg/hm²；可溶性总磷淋失量变化范围分别为 0.11～0.24 kg/hm²、0.06～0.18 kg/hm²、0.04～0.13 kg/hm²。与 CON 处理相比，2018—2019 年可溶性总氮的 BMP 处理平均淋失总量降低了 41.3%，硝态氮的 BMP 处理平均淋失总量降低了 55.74%，铵态氮的 BMP 处理平均淋失总量降低了 40.50%。3 种形态氮的淋失总量均在 2022 年最低；不同年份可溶性总磷的淋失量各处理表现为 CON＞KF＞BMP，与 CON 处理相比，2018—2022 年可溶性总磷的 BMP 处理平均淋失总量降低了 46.7%、KF 处理平均淋失总量降低了 33.7%。以上数据表明，BMP 和 KF 节水控灌处理措施可显著降

低小麦田不同形态氮和可溶性总磷的淋失量，硝态氮更容易流失。

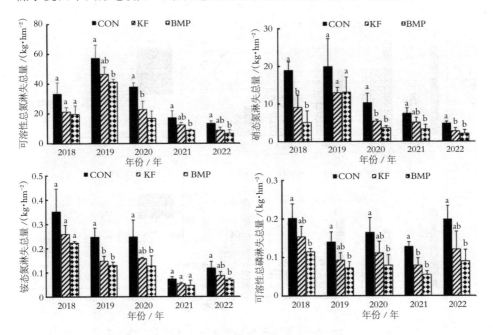

图 4-4　2018—2022 年不同水肥处理下小麦田不同形态氮、磷淋失量变化动态

三、宁夏引黄灌区小麦田氮磷淋失量及淋失系数

1. 小麦田氮、磷淋失量

从图 4-5 可看出，2018—2022 年小麦田总氮和总磷的淋失总量各处理表现为 BMP<KF<CON，与 CON 处理相比，各年际 KF 和 BMP 两处理的总氮和总磷淋失总量差异显著（ac）；CON、KF、BMP 3 个处理总氮淋失量变化范围分别为 20.60～88.73 kg/hm²、15.01～73.94 kg/hm²、7.41～60.44 kg/hm²；总磷淋失量变化范围分别为 0.19～0.62 kg/hm²、0.11～0.42 kg/hm²、0.08～0.27 kg/hm²，逐年降低。此外，总氮和总磷平均淋失量 KF、BMP 与 CON 处理差异显著（bd），与 CON 处理相比，BMP 处理总氮和总磷平均淋失量分别降低了 46.20%、50.14%，KF 处理总氮和总磷累计淋失总量分别降低了 33.59%、33.42%。以上数据说明，BMP 节水控

灌处理可有效控制氮、磷淋失量。

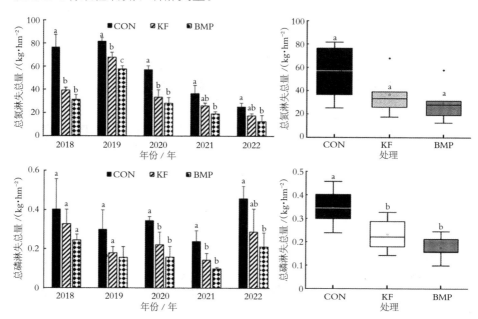

图 4 - 5　2018—2022 年不同水肥处理下小麦田氮、磷淋失量

2. 宁夏引黄灌区小麦田氮、磷淋失系数

表 4 - 1 数据表明，宁夏引黄灌区小麦田的氮、磷淋失系数分别为 4.59%～12.27%、0.12%～0.16%，平均氮肥淋失系数各处理表现为 CON＞KF＞BMP；磷肥淋失系数各处理差异不显著，这与磷肥施用量变幅较小有很大关系。

表 4 - 1　小麦田试验点不同年份氮磷淋失系数统计

处理	平均氮淋失量/(kg·hm⁻²)	氮淋失系数/%	平均磷淋失量/(kg·hm⁻²)	磷淋失系数/%
CK	11.46	—	0.090	—
CON	45.13	12.27	0.085	0.16
KF	28.66	7.17	0.063	0.14
BMP	22.48	4.59	0.058	0.12

第二节 水肥协同调控对小麦产量和土壤养分的影响

一、水肥调控对小麦产量、养分吸收量和肥料偏生产力的影响

1. 不同水肥措施对小麦产量和养分吸收量的影响

（1）不同水肥措施对小麦产量的影响。

由图 4-6 可以看出，2018—2022 年小麦籽粒和秸秆产量各处理间差异不显著，除 2022 年外，其他年份各处理均表现为 BMP＞KF＞CON；2022 年籽粒和秸秆产量均最低。籽粒总产量各处理表现为 BMP＞KF＞CON，而秸秆总产量各处理则是 KF＞BMP＞CON。以上数据说明，KF 和 BMP 处理没有造成小麦减产，并有一定的增产效果。

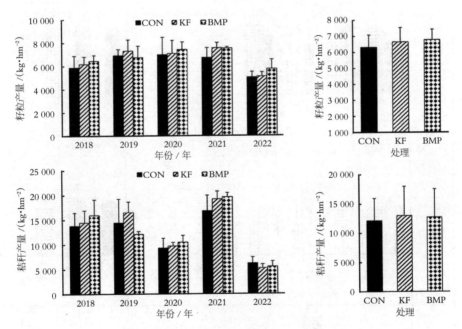

图 4-6 2018—2022 年不同水肥处理对小麦籽粒、秸秆产量的影响

（2）不同水肥措施对小麦氮、磷吸收量的影响。

从图 4-7、4-8 可以看出，2018—2022 年小麦籽粒和秸秆产量各处理间差异不显著，除 2022 年外，其他年份各处理均表现为 BMP＞KF＞CON；各年

份籽粒吸氮量各处理无显著差异，均表现为 BMP＞KF＞CON；秸秆吸氮量各年份表现不一致，但秸秆平均氮养分含量差异相差不大。各年份籽粒和秸秆磷养分含量各处理表现不一致，各处理间差异不显著，平均秸秆磷养分含量差异不显著。以上数据说明，KF 和 BMP 处理没有造成作物减产，还稳定了作物产量，有效提高籽粒和秸秆氮吸收累积。

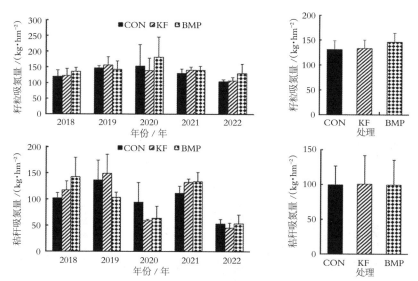

图 4-7　2018—2022 年不同水肥处理对小麦籽粒、秸秆氮吸收量的影响

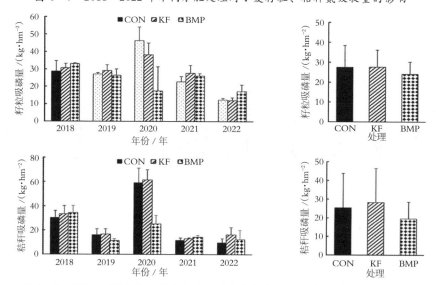

图 4-8　2018—2022 年不同水肥处理对小麦籽粒、秸秆氮和磷吸收量的影响

2. 不同水肥处理对小麦氮、磷肥偏生产力的影响

从图 4-9、4-10 可以看出，小麦各年份和平均籽粒氮、磷偏生产力各处理均表现为 BMP＞KF＞CON，而且差异显著。BMP 处理籽粒氮、磷的年际平均偏生产力比 CON 处理分别提高了 22.62%、28.65%；小麦各年份和平均秸秆氮、磷肥偏生产力各处理均表现为 BMP＞KF＞CON，而且差异显著，除 2021 年外，其他年份差异不显著；与 CON 处理相比，BMP 处理秸秆氮、磷肥年际平均偏生产力分别升高了 20.34%、26.26%。以上试验结果表明，KF、BMP 处理可以提高氮、磷肥偏生产力，尤其是 BMP 处理对其提高显著。

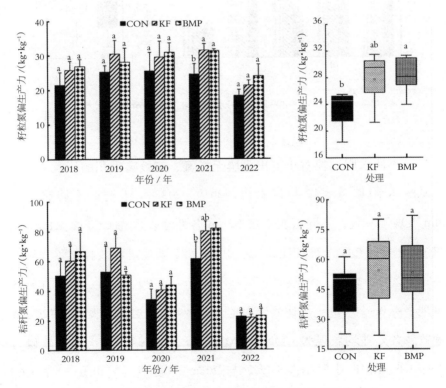

图 4-9 2018—2022 年不同水肥处理下小麦氮肥偏生产力

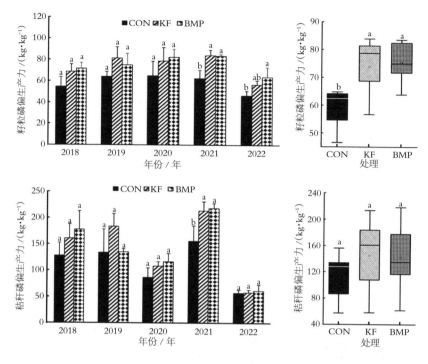

图 4 – 10　2018—2022 年不同水肥处理下小麦磷肥偏生产力

二、不同水肥调控对小麦田土壤无机氮、速效磷累积的影响

从图 4 – 11、4 – 12 可以看出，2019—2022 年小麦田不同层次土壤 Nmin 表现不一致，不同层次土壤 Nmin 各处理表现为 CON＞KF＞BMP，与基础土样和 CON 处理相比，KF、BMP 两个处理可有效控制不同层次土壤 Nmin 含量，减少土体无机氮累积量；2018、2020、2021、2022 年，各水肥处理表层 0～20 cm 土壤速效磷均高于 20～40 cm 层次，表层 0～20 cm 土壤速效磷各处理均表现为 CON＞BMP＞KF，20～40 cm 土壤速效磷含量 CON、KF、BMP 处理相差不大，与 20cm 土壤相比，40cm 土壤 CON、KF、BMP 处理年际平均速效磷含量分别降低了 64.63%、65.45%、55.94%。以上数据表明，BMP 水肥处理可有效控制土壤不同层次土壤 Nmin 运移和土壤速效磷的含量。

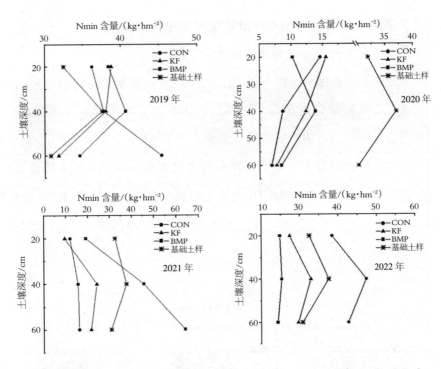

图 4-11　2019—2022 年不同水肥处理下小麦田 0～60 cm 土壤 Nmin 累积量

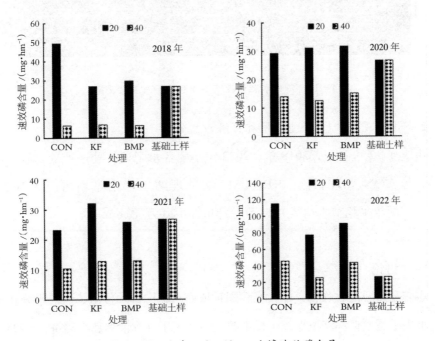

图 4-12　小麦田 0～40 cm 土壤速效磷含量

三、不同水肥调控对小麦种植系统氮素平衡的影响

1. 不同水肥调控下小麦种植系统氮素平衡

从小麦水肥调控图 4-13 可看出，与 CON 处理相比，BMP、KF 两个水肥处理小麦吸氮量分别提高 7.49%、1.50%，土壤氮素淋失分别减少了 46.20%、33.59%，土壤无机氮残留分别减少了 48.08%、33.59%。以上数据表明，减施化肥和节水控灌措施并未造成氮素输出项小麦氮素吸收减少，反而有效控制了农田氮素淋失和在土壤无机氮的残留，小麦中 BMP 处理较显著，这也进一步说明，减施化肥+节水控灌措施可有效控制氮素流失和土壤无机氮残留。

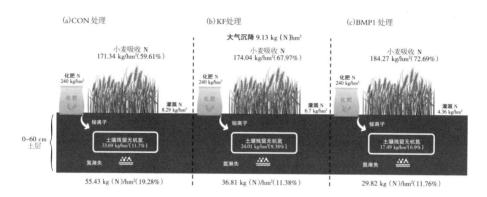

图 4-13　不同水肥调控下小麦种植系统氮素平衡

2. 不同水肥调控下小麦产量和经济效益分析

由表 4-2 可看出，2018 年、2022 年小麦各水肥调控处理产量无显著性差异，与 CON 处理相比，KF、BMP 两处理两年分别平均增产 3.20%、11.6%，两年平均节本增效0.08 万元/hm²、0.20 万元/hm²。

四、讨论

小麦是重要的农作物之一，在我国种植面积和产量均位居第三。水分和氮肥是小麦生长发育和产量形成中最重要的两个因子（李浩然和李瑞奇，2022）。

表 4 - 2　不同水肥措施下小麦产量和经济效益

2018 年			
处理	产量/ (t·hm⁻²)	产值/ （万元·hm⁻²）	施肥成本/ （万元·hm⁻²）	节本增效/ （万元·hm⁻²）
CON	5 900	1.53	0.20	—
KF	6 185	1.61	0.17	0.11
BMP	6 453	1.68	0.17	0.18
2022 年			
处理	产量/ (t·hm⁻²)	产值/ 万元·hm⁻²	施肥成本/ （万元·hm⁻²）	节本增效/ （万元·hm⁻²）
CON	5 034	1.31	0.20	—
KF	5 100	1.33	0.17	0.05
BMP	5 748	1.49	0.17	0.21

注：价格按小麦 2.6 元/kg、普通尿素 2.0 元/kg、磷酸二铵 3.6 元/kg、硫酸钾 2.4 元/kg 计算。

合理的灌溉制度可以帮助小麦提高产量，降低养分流失的风险（Abbasi and Sepaskhah，2023）。张英鹏（2019）等在华北地区通过对农田减氮调控施肥得出，与常规施肥相比，控释肥处理、配施微生物肥及添加硝化抑制剂处理可以保证作物产量，但土壤淋溶量降低不明显。卢慧宇（2021a）等研究发现，降低灌水量、减少施肥量或者灌水量和施肥量同时减少均有减少磷素淋失的趋势。另外，节水条件下，合理施肥可以增强作物水肥吸收能力，减少养分流失，提高小麦产量和水肥利用效率（王晓英　等，2008；李锁玲　等，2013；田德龙　等，2022）；郭晓平（2023）等研究发现，黄河水滴灌可以提高冬小麦的产量和水分利用效率。卢慧宇（2021b）等通过探讨关中平原冬小麦/夏玉米轮作模式下，水分优化、养分优化以及生物炭对作物产量、氮效率和氮素淋失的影响，发现水肥调控可以保证作物产量，提高氮肥利用率，降低氮素淋失。本研究发现 BMP 处理降低了小麦田土壤淋溶量保证了作物产量，增加了小麦籽粒和秸秆氮磷含量，提高了氮磷肥偏生产力。

硝化作用是农田氮流失的主要途径，氮的流失中硝态氮占比较大（Luo et al., 2022）。Perakis（2002）等的研究表明，南美森林的土壤氮素淋失以可溶性有机氮为主，中国西北的土壤氮素淋失主要以硝态氮为主，具体表现为硝态氮＞可溶性有机氮＞铵态氮（李宗新　等，2007）。可见不同区域、不同土壤类型、不同形态氮素淋失的比例不同。而本研究通过长期定位监测小麦的淋溶规律发现，小麦田不同形态氮素淋溶量大小表现为可溶性总氮＞硝态氮＞铵态氮。通过长期定位监测试验可以得到，合理的水肥调控措施有利于宁夏典型地区小麦的生长，保证产量，降低农田土壤淋溶量，提高农田土壤及作物养分的积累，BMP 优化处理是比较可行且值得推广和应用的灌溉和施肥方式。

五、小结

冬灌和生育期内灌水施肥是小麦田淋溶发生的关键时期。

BMP 处理可有效控制淋溶量，平均降低 17.8%。

BMP 处理可降低小麦田氮磷、淋失量。BMP 处理下氮、磷平均淋失量分别降低了 46.20% 和 50.14%。

BMP 处理可提高小麦产量、氮及磷肥偏生产力与养分吸收量。BMP 处理平均提高氮磷肥偏生产力分别为 21.45%、27.45%，实现小麦平均增产 11.6%，增收 0.14 万元/hm²。

本章参考文献

郭晓平，谢建华，肖娟，2023.黄河水滴灌不同水肥处理对冬小麦生长及水肥利用的影响［J］.节水灌溉，2：12-19.

李浩然，李瑞奇，2022.灌溉和施氮对小麦产量形成及土壤肥力影响的研究进展［J］.麦类作物学报，42（2）：196-210.

李锁玲，孟瑞娟，卢健，2013. 水氮耦合对冬小麦不同生育期干物质积累量及水分利用效率的影响 [J]. 山东农业科学，45（7）：87-90.

卢慧宇，杜文婷，张弘弢，等，2021a. 水肥管理及生物炭施用对作物产量和磷效率及磷淋失的影响 [J]. 中国生态农业学报（中英文），29（1）：187-196.

卢慧宇，杜文婷，张弘弢，等，2021b. 水肥管理与生物炭对作物产量和氮效率及氮淋失的影响 [J]. 西北农林科技大学学报（自然科学版），49（3）：75-85.

李宗新，董树亭，王空军，等，2007. 不同肥料运筹对夏玉米田间土壤氮素淋溶与挥发影响的原位研究 [J]. 植物营养与肥料学报，13（6）：998-1005.

田德龙，侯晨丽，任杰，等，2022. 灌溉方式和施肥量对小麦产量及水肥药利用的影响 [J]. 节水灌溉，10：100-104，111.

王晓英，贺明荣，刘永环，等，2008. 水氮耦合对冬小麦氮肥吸收及土壤硝态氮残留淋溶的影响 [J]. 生态学报，2：685-694.

张英鹏，李洪杰，刘兆辉，等，2019. 农田减氮调控施肥对华北潮土区小麦-玉米轮作体系氮素损失的影响 [J]. 应用生态学，30（4）：1179-1187.

Abbasi M R，Sepaskhah A R，2023. Nitrogen leaching and groundwater N contamination risk in saffron/wheat intercropping under different irrigation and soil fertilizers regimes [J]. Scientific Reports，13：6587.

Luo X S，Kou C L，Wang Q，2022. Optimal fertilizer application reduced nitrogen leaching and maintained high yield in wheat-maize cropping system in North China [J]. Plants，11（15）：1963.

Perakis S S，Hedin L Q，2002. Nitrogen loss from unpolluted South American forests mainly via dissolved organic compounds [J]. Nature，415（6870）：416-419.

第五章　宁夏主要粮食作物施肥现状及化肥流失监测与评价系统平台构建与应用

第一节　监测系统平台内容构建与评价系统

一、监测系统平台内容构建

建立《宁夏主要粮食作物施肥现状和化肥流失监测与评价系统》（http：//123.57.92.82：8779/♯/login），系统登录界面见图5-1。

图5-1　系统登录界面

该系统平台由种植业污染源普查、种植业氮磷流失、统计分析平台组成。种植业污染源普查平台由基本情况、作物信息、减排情况3个模块组成，种植业氮磷流失平台由土壤信息、氮磷流失和产量信息3个模块组成，统计分析平台由基本情况、典型地块、不同作物氮磷流失和氮磷肥流失总量4 个模块组成。

1. 种植业污染源普查平台各模块内容

该平台由基本情况和作物信息两个模块构成，基本情况主要以面积统计为主，包括农作物播种、耕地、粮食作物、蔬菜瓜果和其他作物，下拉菜单由地膜使用量（t）、农药使用量（t）和薄膜使用量（t）组成；另外还有作物信息模块，下拉菜单由面积（hm^2）、产量（kg/hm^2）、灌溉量（m^3/hm^2）和化肥施用量（kg/hm^2）构成。基本情况数据以 2005—2019 年宁夏 22 个县（市、区）调查数据构成。

减排情况以 2005—2019 年宁夏 22 个县（市、区）调查数据组成。减排情况模块下拉菜单由全区、5 个地级市、5 个地级市根目录下所属 22 个县（市、区）组成。减排技术措施由优化施肥、秸秆还田、免耕、节水覆盖、水肥一体化和免耕措施组成，以柱状图统计了 2006—2019 年全区、5 个地级市和 22 个县（市、区）各项措施推广面积。

典型地块抽样调查以 2018 年全区 5000 份调查，2018—2021 年选择平罗县、永宁县、青铜峡市、利通区和沙坡头区 5 个调查试点县，每年 480 份调查数据为基础数据。典型地块模块下拉菜单由全区、5 个地级市、5 个地级市根目录下所属 22 个县（市、区）构成，调查项目有典型地块坐标经纬度、种植季、作物名称、作物代码、施肥时间、施肥类型、肥料类型、肥料代码、施肥方式和施肥量。

2. 种植业氮、磷流失平台各模块内容

种植业氮磷流失试验由国家种植业氮磷流失 2015 年至 2019 年数据（数据搜集至 2019 年）、自治区种植业氮磷流失 2017 年至今数据（数据搜集至2019 年）组成。国家种植业氮磷流失有 9 个监测点，监测的作物有玉米（3个）、水稻、露地菠菜、设施蔬菜（3 个）和枸杞，自治区种植业氮磷流失有6 个监测点，监测作物包括扬黄灌区玉米、菜心、芹菜等。具体见表 5-1。

表 5-1　种植业氮磷流失试验监测点基本情况

监测点级别	监测作物	地点	试验年限
国家监测点	玉米	银川市永宁县作物所试验基地	2015 年至今
		惠农区礼和乡星火村	2015 年至今
		平罗县姚伏镇灯塔村	2015—2018 年
		吴忠市利通区东塔寺乡白寺滩村	2015 年至今
	设施蔬菜	银川市贺兰县金贵镇雄鹰国际村	2015—2019 年
		青铜峡市瞿靖镇蒋顶村 6 队	2015 年至今
		银川市兴庆区掌政镇杨家寨村 5 队	2008—2014 年
	露地菠菜	银川市贺兰县金贵镇汉佐 10 队	2015 年至今
	枸杞	中宁县恩和乡秦庄村杞泰枸杞基地	
自治区监测点	小麦	平罗县渠口乡交济 2 队	2017—2021 年
	菜心	平罗县渠口乡交济 1 队	2017 年至今
	芹菜	西吉县硝河乡隆德村	2017 年至今
	扬黄灌区玉米	同心县河西镇农场村	2017—2021 年

　　种植业氮磷流失平台由土壤信息、氮磷流失和产量信息 3 个模块构成。土壤信息下拉菜单由土壤剖面描述、基础土壤养分、监测期土壤养分、试验进程及操作记录和土壤无机氮构成；氮磷流失下拉菜单由种植季与作物、施肥量、施肥记录、降水与灌溉水样品、灌溉与秸秆还田和小区产流组成；产量信息下拉菜单由耕作、种植记录、植株样品记录及植株产量记载组成。

　　3. 统计分析平台各模块内容

　　统计分析平台由基本情况、典型地块、不同作物氮磷流失和氮磷肥流失总量模块组成。基本情况下拉菜单由基本情况、作物信息、全区及不同生态区粮食作物施肥现状和地级市及县级粮食作物施肥现状评价组成；典型地块对全区 2018 年 5000 份调查、2019—2021 年每年 480 份调查数据为基础进行分析评价；不同监测作物氮磷流失下拉菜单由不同监测作物氮磷流失量和氮磷流失系数两项构成；氮磷肥流失总量模块下拉菜单由不同技术措施对比、不同水肥管理化肥流失预测模块组成。

二、系统应用

1. 宁夏主要农作物种植生产现状

（1）2006—2019 年全区农作物面积、薄膜、地膜和农药使用量动态变化。

从图 5－2 可看出，2006—2019 年全区、不同农业生态区、5 个地级市和 22 个县（市、区）农作物播种、耕地、粮食作物、蔬菜瓜果和其他作物面积稳步上升，面积大小依次为农作物播种＞耕地＞粮食作物＞蔬菜瓜果＞其他作物，农作物播种面积、耕地面积和粮食作物面积全区、农业生态区、5 个地级市和 22 个县（市、区）均保持稳定；薄膜使用量全区、农业生态类型区稳中上升，在 2012—2013 年达到高峰期，然后有所下降，5 个地级市和 22 个县（市、区）薄膜使用量 15 年内变化不大，趋于平缓；地膜使用量全区、农业生态类型区逐步上升，尤其是中部干旱带、南部山区地膜使用量逐年增加，但北部引黄灌区有所不同，先上升，到 2013 年以后又下降，5 个地级市和 22 个县（市、区）地膜量使用也有所不同，固原市及其所辖各县（区）尤其是西吉县地膜使用量逐年增加，但银川市及所辖县（区）、石嘴山市及其所辖县（区）趋于平缓，使用量增加幅度不高；农药使用量全区、不同农业生态类型区趋于平缓，变化幅度不大，尤其是中部干旱带和南部山区农药使用量较稳定，5 个地级市和 22 个县（市、区）农药使用量有所不同，石嘴山市及其所辖各县（区）尤其是平罗县农药使用量 2016 年提高较快，银川市及所辖县（区）、吴忠市及其所辖县（区）农药使用量趋于平缓。

(a)

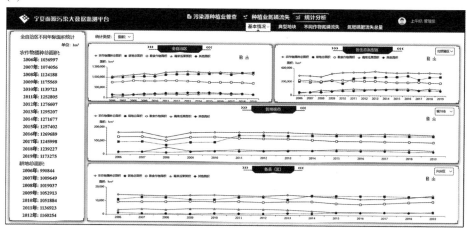

(b)

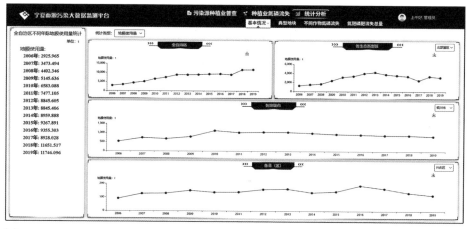

(c)

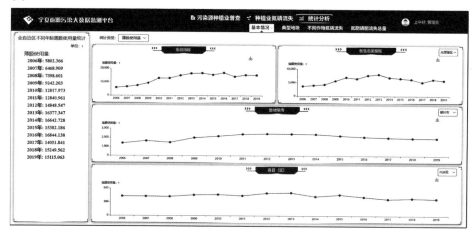

(d)

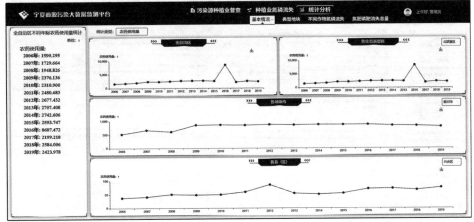

图 5-2　种植面积（a）、薄膜使用量（b）、地膜使用量（c）和农药使用量（d）动态变化

（2）2006—2019 年全区主要农作物产量、灌溉量和化肥施用量动态变化。

从图 5-3 得知，各作物产量 2006—2019 年期间，全区、不同农业生态区呈逐年上升趋势，但变幅不大，产量大小依次为瓜果类＞粮食作物＞露地蔬菜＞设施蔬菜＞其他作物，地级市与其所辖区县（市区）动态变化一致，15 年间产量增幅不大，尤其是石嘴山市与其所辖平罗县变化规律一致；全区、不同农业生态区各作物灌溉量 2006—2019 年期间较稳定，变幅不大，

(a)

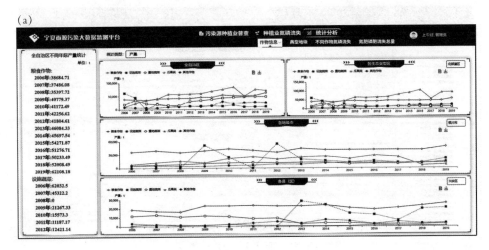

(b)

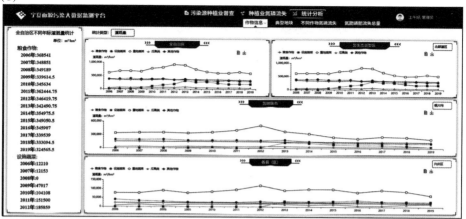

(c)

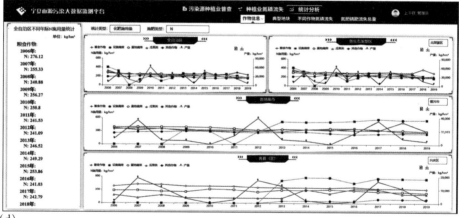

(d)

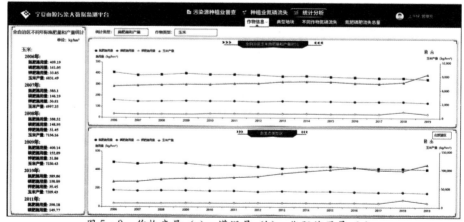

图 5-3 作物产量 (a)、灌溉量 (b)、化肥施用量 (c)、
玉米施肥量和产量 (d) 动态变化

灌溉量大小依次为露地蔬菜＞其他作物＞粮食作物＞瓜果类＞设施蔬菜，地级市与所辖区县（市区）动态变化一致，15 年间灌溉量增幅不大，尤其是银川市与所辖永宁县变化规律一致，灌溉量大小与全区表现一致；全区、不同农业生态区各作物化肥施用量 2006—2019 年较稳定，变幅不大，化肥施用量与产量变化表现一致，随产量增高施肥也有所增加，施肥量大小依次为露地蔬菜＞设施蔬菜＞瓜果类＞其他作物＞粮食作物，地级市与所辖区县（市、区）动态变化一致，15 年间施肥量增幅不大，尤其是吴忠市与所辖青铜峡市变化规律一致；全区、不同农业生态区玉米产量、氮磷钾施肥量 2006—2019 年期间均稳中有升，尤其是产量提升较明显，氮磷肥施用量有所降低，钾肥施用量趋于平缓，4 项指标大小表现为氮肥施用量＞产量＞磷肥施用量＞钾肥施用量，引黄灌区与全区玉米产量、施肥量变化规律一致。

2. 全区不同农业生态区玉米、水稻和小麦产量及施肥评价

根据 2006 年主要粮食作物施肥调查数据，按照国家和地方主要作物化肥定额制的限量标准（DB330185/T 005—2020）等相关标准，以全国、东部和西部地区划分，按照 2010 年（2006—2010 年）、2015 年（2011—2015 年）和 2019 年（2016—2019 年）3 个时间节点（见表 5 - 2），对宁夏全区、不同农业生态区小麦、水稻和玉米施肥现状进行了评价。

（1）玉米产量、施肥量评价。

从图 5 - 4 至图 5 - 7 可得知，2006—2019 年玉米产量、氮磷钾肥投入动态变化，并与全国、东部和西部地区玉米产量及化肥限量标准对比进行分析评价。

①产量评价（图 5 - 4）：2010 年宁夏全区玉米作物产量为 7.41 t/hm²，比全国、东部和西部地区产量标准分别低 20.66%、15.99% 和 7.14%，2015 年宁夏全区玉米作物产量为 7.61 t/hm²，比全国、东部产量标准分别低 13.41%、8.36%，在西部地区产量标准范围之内，2019 年宁夏全区玉米

表 5-2　化肥施用量限量标准*

作物	地区	2010 年				2015 年				2019 年			
		施肥量/ (kg·hm⁻²)			产量/ (t·hm⁻²)	施肥量/ (kg·hm⁻²)			产量/ (t·hm⁻²)	施肥量/ (kg·hm⁻²)			产量/ (t·hm⁻²)
		N	P₂O₅	K₂O		N	P₂O₅	K₂O		N	P₂O₅	K₂O	
小麦	全国	167	85	72	7.47	177	90	76	7.70	164	84	70	8.00
	东部	185	103	85	8.40	197	109	90	8.65	182	101	83	9.00
	西部	170	87	75	7.00	180	92	80	7.21	167	85	74	7.50
水稻	全国	150	52	56	7.70	159	55	59	7.93	147	51	55	8.25
	东部	147	49	68	8.40	156	52	72	8.65	144	48	67	9.00
	西部	160	61	91	7.47	170	65	96	7.69	157	60	89	8.00
玉米	全国	165	80	73	9.33	175	85	78	9.61	162	79	72	10.00
	东部	172	64	71	9.80	183	68	75	10.10	169	63	69	10.50
	西部	178	94	93	8.40	188	100	98	8.65	174	93	91	9.00

注:*按照国家和地方主要作物化肥定额制的限量标准 (DB330185/T 005—2020) 相关标准。

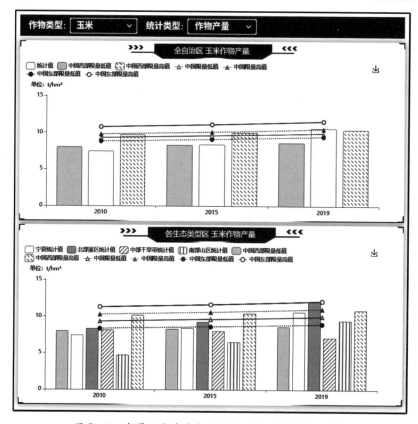

图 5-4　宁夏玉米产量与全国不同地区产量对比分析

作物产量为 10.53 t/hm²，比全国、西部地区产量标准分别高 0.29%、1.74%，在东部地区的产量标准范围之内。以上数据说明，在 2010—2019年，宁夏全区玉米产量提高 42.10%，2015 年前宁夏玉米产量均低于全国、东部和西部地区水平，到 2019 年才比全国、西部地区高，与东部地区持平，这也进一步表明宁夏玉米产量虽提高很多，但整体产量水平还有待进一步提高。

2010 年北部引黄灌区玉米作物产量为 8.25 t/hm²，比全国、东部地区产量标准相比分别低 11.67%、0.96%，在西部地区产量标准范围之内，2015年北部引黄灌区玉米作物产量为 9.15 t/hm²，比全国产量标准低 4.89%，在东部、西部地区产量标准范围之内，2019 年北部引黄灌区玉米作物产量为12.09 t/hm²，比全国、西部地区产量标准高 9.45%、11.48%，在东部产量标准范围之内；2010 年中部干旱带玉米作物产量为 8.08 t/hm²，比全国、东部和西部地区产量标准分别低 19.16%、10.36% 和 5.39%，2015 年中部干旱带玉米作物产量为 7.98 t/hm²，比全国、东部和西部地区产量标准分别低17.05%、6.99% 和 2.92%，2019 年中部干旱带玉米作物产量为 7.03 t/hm²，比全国、东部和西部地区产量标准分别低 29.07%、21.28% 和 17.68%；2010 年南部山区玉米产量为 4.67 t/hm²，比全国、东部和西部地区产量标准分别低 50.00%、43.94% 和 41.48%，2015 年南部山区玉米产量为6.47 t/hm²，比全国、东部和西部地区产量标准分别低 32.74%、24.59% 和21.29%，2019 年南部山区玉米产量为 9.38 t/hm²，比全国产量标准低6.20%，在东部和西部地区两个产量标准范围之内。以上数据说明，2015 年之前，宁夏 3 个农业生态区玉米产量均低于全国、东部和西部地区，2019 年才达到东部、西部地区产量水平。3 个农业生态区产量差异较大，其大小顺序为北部引黄灌区＞南部山区＞中部干旱带，南部山区玉米产量提升较快，提高了 100.80%，北部引黄灌区提升仅 46.50%，虽然产量提升较快，但与全国相比，3 个农业生态类型区玉米产量较低。

②氮肥（N）施用量评价（图 5-5）：2010 年全区玉米氮肥（N）施用量为 389.86 kg/hm²，比全国、东部、西部地区氮肥限量标准分别高 125.03%、106.06% 和 90.45%，2015 年全区玉米氮肥（N）施用量为 369.91 kg/hm²，比全国、东部和西部地区氮肥限量标准分别高 101.31%、83.76% 和 71.10%，2019 年全区玉米氮肥（N）施用量为 349.55 kg/hm²，比全国、东部和西部地区氮肥限量标准分别高 105.50%、88.03% 和 74.69%。以上数据说明 2010—2019 年，全区氮肥施用整体水平均高于全国、东部和西部地区，宁夏全区玉米氮肥（N）施用量呈逐年下降趋势，下降幅度为 10.3%，须加强玉米减施氮肥技术研究，科学合理施用氮肥。

2010 年北部引黄灌区玉米氮肥（N）施用量为 448.54 kg/hm²，比全国、东部和西部地区氮肥限量标准分别高 147.13%、126.76% 和 109.99%，2015 年北部引黄灌区玉米氮肥（N）施用量为 438.69 kg/hm²，比全国、东部和西部地区氮肥限量标准分别高 127.89%、108.45% 和 94.45%，2019 年北部引黄灌区玉米氮肥（N）施用量为 406.15 kg/hm²，比全国、东部和西部地区氮肥限量标准分别高 127.92%、108.98% 和 94.52%。2010 年中部干旱带玉米氮肥（N）施用量为 350.50 kg/hm²，比全国、东部和西部地区氮肥限量标准分别高 93.11%、77.20% 和 64.09%，2015 年中部干旱带玉米氮肥（N）施用量为 330.25 kg/hm²，比全国、东部和西部地区氮肥限量标准分别高 71.56%、56.93% 和 46.39%，2019 年中部干旱带玉米氮肥（N）施用量为 320 kg/hm²，比全国、东部和西部地区氮肥限量标准分别高 79.57%、64.65% 和 53.26%；2010 年南部山区玉米氮肥（N）施用量为 268.80 kg/hm²，比全国、东部和西部地区标准分别高 48.10%、35.89% 和 25.84%，2015 年南部山区玉米氮肥（N）施用量为 222.80 kg/hm²，比全国、东部和西部地区氮肥限量施用标准高 15.74%、5.87%，在东部地区氮肥施用限量标准范围内。2019 年南部山区玉米氮肥（N）施用量为 226 kg/hm²，比全国、东部和西部地区氮肥限量施用标准分别高 26.82%、16.29% 和 8.24%。以上数据说明，2010—2019 年，宁夏 3 个农业生态区玉米氮肥施用量均高于全国、东部和西部地区氮肥限量施用标准，尤其是北部引黄灌区；3 个农业生态区玉米氮肥施用量差异较大，其大小顺序为北部引黄灌区＞中部干旱带＞南部山区，但均呈下降趋势，降幅最快为北部引黄灌区，降幅为 9.40%，这也进一步表明近年来北部引黄灌区提出减施氮肥实用技术，提高了氮肥利用率，有效控制了玉米田氮素流失污染。

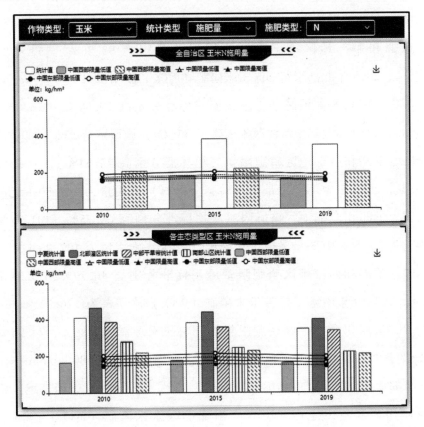

图 5-5　宁夏玉米氮肥投入与全国不同地区氮肥限量施用标准对比分析

③磷肥（P_2O_5）施用量评价（图 5-6）：2010 年全区玉米磷肥（P_2O_5）施用量为 150.09 kg/hm²，比全国、东部和西部地区磷肥限量施用标准分别高 78.68%、113.20% 和 38.84%，2015 年全区玉米磷肥（P_2O_5）施用量为 147.23 kg/hm²，比全国、东部和西部地区磷肥限量施用标准分别高

64.96%、96.83%和28.03%，2019年全区玉米磷肥（P_2O_5）施用量为136.64 kg/hm²，比全国、东部和西部地区磷肥限量标准分别高64.73%、97.17%和27.76%。以上数据表明，2010—2019年，全区玉米磷肥施用量虽有所下降，但降幅并不大，仅为8.90%，而且均高于全国、东部和西部地区磷肥限量标准，这进一步说明，加强玉米减施磷肥技术研究，提出玉米合理施用磷肥技术，提高玉米磷肥利用率非常重要。

2010年北部引黄灌区玉米磷肥（P_2O_5）施用量为171.85 kg/hm²，比全国、东部和西部地区磷肥限量施用标准分别高95.28%、133.49%和52.35%，2015年北部引黄灌区玉米磷肥（P_2O_5）施用量为168.15 kg/hm²，比全国、东部和西部地区磷肥限量施用标准分别高79.84%、115.03%和40.13%，2019年北部引黄灌区玉米磷肥（P_2O_5）施用量为152.54 kg/hm²，比全国、东部和西部地区磷肥限量施用标准分别高75.54%、110.55%和36.68%；2010年中部干旱带玉米磷肥（P_2O_5）施用量为148.50 kg/hm²，比全国、东部和西部地区磷肥限量施用标准分别高68.75%、101.77%和31.65%，2015年中部干旱带玉米磷肥（P_2O_5）施用量为137.25 kg/hm²，比全国、东部和西部地区磷肥限量施用标准分别高46.79%、75.51%和14.38%，2019年中部干旱带玉米磷肥（P_2O_5）施用量为126.75 kg/hm²，比全国、东部和西部地区磷肥限量施用标准分别高45.86%、74.95%和13.58%；2010年南部山区玉米磷肥（P_2O_5）施用量为94.80 kg/hm²，比全国、东部地区磷肥限量施用标准分别高7.73%、28.80%，在西部地区磷肥限量施用标准范围之内。2015年南部山区玉米磷肥（P_2O_5）施用量为100.80 kg/hm²，比全国、东部两个磷肥限量施用标准高7.81%、28.90%，在西部地区磷肥限量施用标准范围之内，2019年南部山区玉米磷肥（P_2O_5）施用量为103.20 kg/hm²，比全国、东部地区磷肥限量施用两个标准分别高18.76%、42.44%，在西部地区磷肥限量施用标准范围之内。以上数据表明2010—2019年，宁夏3个农业生态类型区玉米磷肥用量均高于全国、东部和西部地区磷肥限量施用标准，尤其是北部引黄灌区；3个农业生态区磷肥用量差异较大，大小顺序为北部引黄灌区＞中部干旱带＞南部山区，但引黄灌区和中部干旱带均呈下降趋势，降幅最快为北部引黄灌区，比2010年降幅11.23%，值得注意的是近年来南部山区磷肥还有提高，比2010年提高了8.9%。这也表明宁夏农业3大类型区要进一步加强磷肥合理使用技术研究，尤其是加强对不同土壤类型土壤磷组分研究，活化土壤有机磷养分，提高土壤磷养分资源高效利用，从而减少化肥磷的投入。

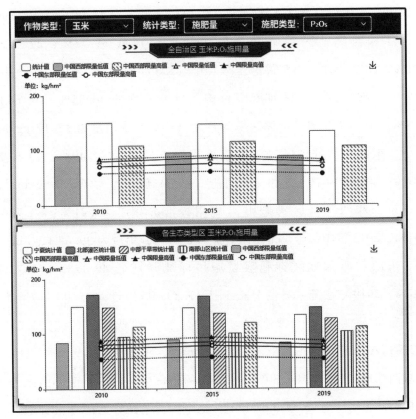

图5-6　宁夏玉米磷肥投入量与全国不同地区磷肥限量施用标准对比分析

④钾肥（K_2O）施用量评价（图5-7）：2010年全区玉米钾肥（K_2O）施用量为41.13 kg/hm²，比全国、东部和西部地区钾肥限量施用标准分别低43.66%、35.63%和53.45%，2015年全区玉米钾肥（K_2O）施用量为

39.76 kg/hm²，比全国、东部和西部地区钾肥限量施用标准分别低49.03%、41.10%和57.29%，2019年全区玉米钾肥（K_2O）施用量为44.76 kg/hm²，比全国、东部和西部地区钾肥限量施用标准分别低37.83%、27.92%和48.22%。以上数据表明，2010—2019年，玉米钾肥施用量变幅不大，维持在一个稳定水平，全区玉米钾肥施用量均低于全国、东部和西部地区钾肥限量施用标准，因此，要提高玉米产量水平，应适度提高钾肥施用量。

2010年北部引黄灌区玉米钾肥（K_2O）施用量为44.00 kg/hm²，比全国、东部和西部地区钾肥限量施用标准分别低39.73%、27.09%和47.21%，2015年北部引黄灌区玉米钾肥（K_2O）施用量为41.69 kg/hm²，比全国、东部和西部地区钾肥限量施用标准分别低46.55%、34.60%和52.68%，2019年北部引黄灌区玉米钾肥（K_2O）施用量为47.17 kg/hm²，比全国、东部和西部地区钾肥限量施用标准分别低34.49%、19.57%和42.09%；2010年中部干旱带玉米钾肥（K_2O）施用量为40.00 kg/hm²，比全国、东部和西部地区钾肥限量施用标准分别低45.21%、33.72%和52.01%，2015年中部干旱带玉米钾肥（K_2O）施用量为39.67 kg/hm²，比全国、东部和西部地区钾肥限量施用标准分别低49.14%、37.77%和54.97%，2019年中部干旱带玉米钾肥（K_2O）施用量为45.00 kg/hm²，比全国、东部和西部地区钾肥限量施用标准分别低37.50%、23.71%和44.75%；2010年南部山区玉米钾肥（K_2O）施用量为10 kg hm²，比全国、东部和西部地区分别低86.30%、83.43%和88%，2015年南部山区玉米钾肥（K_2O）施用量为15.00 kg/hm²，比全国、东部和西部地区钾肥限量施用标准分别低80.77%、76.47%和82.97%，2019年南部山区玉米钾肥（K_2O）施用量为30.00 kg/hm²，比全国、东部和西部地区钾肥限量施用标准分别低58.33%、48.85%和63.17%。以上数据表明，2010—2019年，3个农业生态区钾肥施用量变幅不大，维持在稳定水平，均低于全国、东部和西部地区钾肥限量施用标准，大小顺序为北部引黄灌区＞中部干旱带＞南部山区。这也表明宁夏农业 3 个生态区要进一步加强玉米钾肥合理施用技术研究，尤其是针对不同土壤类型，加强土壤不同形态钾研究，重点研究土壤钾库动态变化即土壤全钾—缓效态钾—有效钾转化研究，提高土壤钾养分资源高效利用，从而使化肥钾的投入量更合理。同时对南部山区玉米要增加钾肥投入，提高玉米产量。

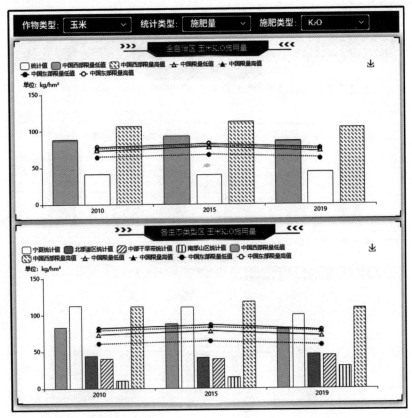

图 5-7　宁夏玉米钾肥投入量与全国不同地区钾肥限量施用标准对比分析

（2）水稻产量、施肥现状评价。

从图 5-8 至图 5-11 可得知，2006—2019 年宁夏引黄灌区水稻产量、氮磷钾肥料投入动态变化，并与全国、东部和西部地区水稻产量及化肥限量标准对比，进行分析与评价。

①产量评价（图 5-8）：2010 年宁夏水稻产量为 8.26 t/hm²，比全国产量标准高 2.10%、在东部和西部两地区标准范围内，2015 年宁夏水稻产量为 7.76 t/hm²，分别比全国、东部地区标准低 2.14%、0.39%，在西部地区产量标准范围内，2019 年全区水稻产量为 8.38 t/hm²，在全国、东部和西部两地区标准范围内。以上数据表明，2010—2019 年，宁夏引黄灌区水稻产量水平较高，且较稳定，2015 年之前，水稻产量均低于全国水平，2019 年水稻产量与全国、东部和西部地区持平。

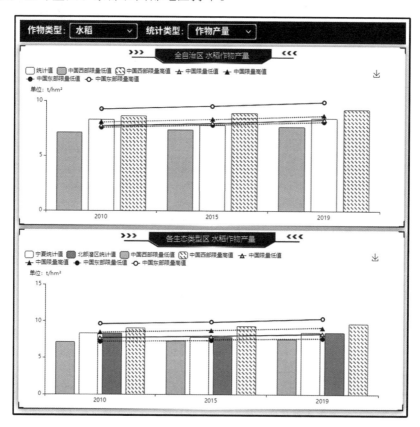

图 5-8 宁夏水稻产量与全国不同地区产量对比分析

②氮肥（N）施用量评价（图 5-9）：2010 年宁夏水稻氮肥（N）施用量为 317.14 kg/hm²，比全国、东部和西部地区氮肥限量施用标准分别高 92.21%、87.60% 和 65.18%，2015 年宁夏水稻氮肥（N）施用量为293.46 kg/hm²，比全

国、东部和西部地区三个氮肥限量施用标准分别高 7.79%、63.58% 和 43.85%，2019 年宁夏水稻氮肥（N）施用量为 257.54 kg/hm²，比全国、东部和西部地区氮肥限量施用标准分别高 59.27%、55.52% 和 36.70%。以上数据表明，2010—2019 年，宁夏氮肥施用量逐年下降，均比全国、东部和西部地区氮肥限量施用标准高，但有降低趋势，比 2010 年下降 18.7%。这也进一步表明加强水稻减施氮肥技术研究，提出水稻减施氮肥实用技术，可提高氮肥利用率、有效控制稻田氮素流失污染。

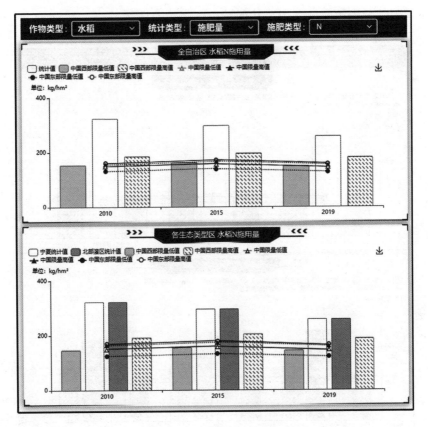

图 5-9　宁夏水稻氮肥投入量与全国不同地区氮肥限量施用标准对比分析

③磷肥（P₂O₅）施用量评价（图 5-10）：2010 年宁夏水稻磷肥（P₂O₅）施用量为 123.32 kg/hm²，比全国、东部和西部地区磷肥限量施用标准分别高 125.86%、128.79% 和 75.79%，2015 年宁夏水稻磷肥（P₂O₅）施用量为

120.46 kg/hm²，比全国、东部和西部地区磷肥限量施用标准分别高108.59%、110.59%和61.15%，2019 年宁夏水稻磷肥（P_2O_5）施用量为112.00 kg/hm²，比全国、东部和西部地区磷肥限量施用标准分别 109.15%、112.12%和62.32%。以上数据表明，2010—2019 年，宁夏磷肥施用量逐年下降，均比全国、东部和西部地区磷肥限量施用标准高，但有降低趋势，比2010 年下降9.20%。这也表明宁夏水稻要进一步加强磷肥合理使用技术研究，尤其是加强稻田土壤磷养分及组分研究，活化稻田土壤有机磷养分，提高土壤磷养分资源高效利用，从而减少化肥磷的投入。

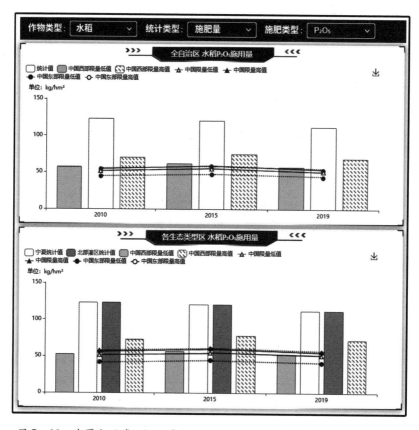

图 5-10　宁夏水稻磷肥投入量与全国不同地区磷肥限量施用标准对比分析

④钾肥（K_2O）施用量评价（图 5-11）：2010 年宁夏水稻钾肥（K_2O）施用量为 34.90 kg/hm²，比全国、东部和西部地区钾肥限量施用标准分别低

37.68%、42.97% 和 59.63%，2015 年宁夏水稻钾肥（K₂O）用量为 34.42 kg/hm²，比全国、东部和西部地区钾肥限量施用标准分别低 41.66%、46.88% 和 62.26%，2019 年宁夏水稻钾肥（K₂O）施用量为 34.08 kg/hm²，比全国、东部和西部地区钾肥限量施用标准分别低 38.04%、43.48% 和 59.69%。须进一步加强水稻钾肥科学施用技术研究，尤其是针对不同土壤类型，应加强稻田土壤不同形态钾研究，重点研究土壤钾库动态变化即土壤全钾—缓效态钾—有效钾转化，提高土壤钾养分资源高效利用，从而减少化肥钾的投入。同时对低洼盐碱地或土壤肥力较低的稻田，增加钾肥投入，提高水稻产量。

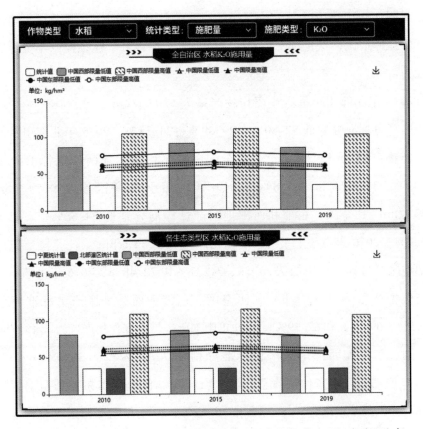

图 5-11　宁夏水稻钾肥投入量与全国不同地区钾肥限量施用标准对比分析

（3）小麦产量、施肥现状评价。

从图 5-12 至图 5-15 可得知 2006—2019 年小麦产量、氮磷钾肥料投入动态变化，并与全国、东部和西部地区玉米产量及化肥限量标准对比进行分析评价。

①产量评价（图 5-12）：2010 年全区小麦作物产量为 3.80 t/hm²，比全国、东部和西部地区产量标准分别低 49.13%、49.74% 和 42.86%，2015 年全区小麦产量为 3.92 t/hm²，比全国、东部和西部地区产量标准分别低 49.02%、49.68% 和 42.77%，2019 年全区小麦作物产量为 4.04 t/hm²，比全国、东部和西部地区产量标准分别低 49.50%、50.12% 和 43.14%。以上数据说明，2010—2019 年，小麦产量均低于全国、东部和西部地区，全区小麦产量提速很慢，这也进一步表明宁夏小麦产量很低，还须提高小麦综合生产能力。

2010 年北部引黄灌区小麦作物产量为 5.02 t/hm²，比全国、东部和西部地区产量标准分别低 32.80%、29.69%、24.51%，2015 年北部引黄灌区小麦作物产量为 4.92 t/hm²，比全国、东部和西部地区产量标准分别低 36.02%、33.15% 和 28.18%，2019 年北部引黄灌区小麦作物产量为 5.23 t/hm²，比全国、东部和西部地区产量标准分别低 34.62%、1.63% 和 26.54%；2010 年中部干旱带小麦作物产量为 1.83 t/hm²，比全国、东部和西部地区产量标准分别低 75.50%、74.37% 和 72.48%，2015 年中部干旱带小麦作物产量为 2.22 t/hm²，比全国、东部和西部地区产量标准分别低 71.13%、69.84% 和 67.59%，2019 年中部干旱带小麦作物产量为 2.18 t/hm²，比全国、东部和西部地区产量标准分别低 72.75%、71.50% 和 69.38%；2010 年南部山区小麦作物产量为 2.23 t/hm²，比全国、东部和西部地区产量标准分别低 70.15%、68.77% 和 66.47%，2015 年南部山区小麦作物产量为 2.68 t/hm²，比全国、东部和西部地区产量标准分别低 65.15%、63.59% 和 60.88%，2019 年南部山区小麦作物产量为 2.45 t/hm²，比全国、东部和西部地区产量标准分别低 69.38%、67.97% 和 65.59%。2010—2019年，宁夏 3 个农业生态区小麦产量均低于全国、东部和西部地区，3 个农业生态区产量差异较大，大小顺序为北部引黄灌区＞南部山区＞中部干旱带，3 个农业生态区小麦产量均提升较慢，南部山区仅提高了 19.10%，这进一步表明宁夏 3 个农业生态区小麦综合生产能力较差，还须提升小麦综合生产能力。

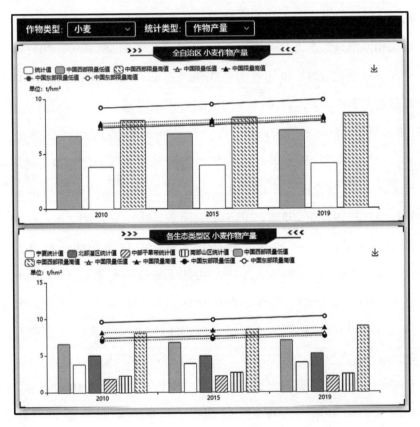

图 5-12　宁夏小麦产量与不同地区产量对比分析

②氮肥（N）施用量评价（图 5-13）：2010 年宁夏全区小麦氮肥（N）施用量为279.72 kg/hm²，比全国、东部和西部地区氮肥限量施用标准分别高59.52%、37.45% 和 43.08%，2015 年宁夏全区小麦氮肥（N）施用量为265.07 kg/hm²，比全国、东部和西部地区氮肥限量施用标准分别高

42.63%、22.23%和28.05%，2019年宁夏全区小麦氮肥（N）施用量为246.47 kg/hm²，比全国、东部和西部地区氮肥限量施用标准分别高43.42%、23.36%和28.60%。以上数据说明，2010—2019年，宁夏全区小麦氮肥施用整体水平均高于全国、东部和西部地区，宁夏全区小麦氮肥（N）施用量呈逐年下降趋势，下降幅度为11.80%，须加强小麦减施氮肥技术研究，科学合理施用氮肥。

2010年北部引黄灌区小麦氮肥（N）施用量为322.68 kg/hm²，比全国、东部和西部地区标准分别高75.66%、51.67%和58.18%，2015年北部引黄灌区小麦氮肥（N）施用量为293.76 kg/hm²，比全国、东部和西部地区标准分别高50.88%、29.67%和36.00%，2019年北部引黄灌区小麦氮肥（N）施用量为266.24 kg/hm²，比全国、东部和西部地区标准分别高47.58%、27.20%和32.85%；2010年中部干旱带小麦氮肥（N）施用量为279.33 kg/hm²，比全国、东部、西部地区氮肥限量施用地区标准分别高52.46%、31.29%和36.93%，2015年中部干旱带小麦氮肥（N）施用量为274.33 kg/hm²，比全国、东部、西部地区氮肥限量施用地区标准分别高40.90%、21.09%和40.90%，2019年中部干旱带小麦氮肥（N）施用量为250.33 kg/hm²，比全国、东部、西部地区氮肥限量施用地区标准分别高38.76%、19.60%和24.92%；2010年南部山区小麦氮肥（N）施用量为168.25 kg/hm²，2015年南部山区小麦氮肥（N）施用量为181.94 kg/hm²，均在全国地区、东部、西部地区氮肥限量施肥标准之内，2019年南部山区小麦氮肥（N）施用量为194.83 kg/hm²，比全国氮肥限量施用标准高8.00%，在东部、西部地区氮肥（N）施用量标准之内。以上数据说明，2010—2019年，宁夏3个农业生态区小麦氮肥用量均高于全国、东部和西部氮肥限量施用标准，尤其是北部引黄灌区；3个农业生态区小麦氮肥施用量差异较大，大小顺序为北部引黄灌区＞中部干旱带＞南部山区，但均呈下降趋势，降幅最快为北部引黄灌区，降幅为17.50%，这也进一步表明北部引黄灌区玉米减施氮肥效果较好，提高了氮肥利用率，有效控制玉米田氮素流失污染。

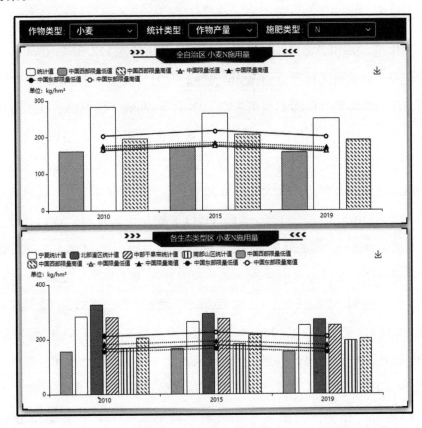

图 5－13　宁夏小麦氮肥施用量与全国不同地区氮肥限量施用标准对比分析

③磷肥（P_2O_5）施用量评价（图 5－14）：2010 年全区小麦磷肥（P_2O_5）施用量为 113.45 kg/hm^2，比全国、东部、西部地区磷肥限量施用标准分别高 27.11%、0.13%、13.39%，2015 年全区小麦磷肥（P_2O_5）施用量为 106.57 kg/hm^2，比全国、西部地区磷肥限量施用标准分别高 12.79%、0.75%，在东部地区相比磷肥限量施用标准范围之内，适中 2019 年全区小麦磷（P_2O_5）肥施用量为 101.41 kg/hm^2，比全国、西部地区磷肥限量施用标准分别高 15.24%、3.98%，在东部地区相比磷肥限量施用标准范围之内。以上数据表明，2010—2019 年，全区小麦磷肥施用量虽有所下降，但降幅并

不高，仅为 10.60%，而且均高于全国、东部和西部地区磷肥限量标准，这进一步说明，加强玉米减施磷肥技术研究，提出玉米合理施用磷肥技术，提高小麦磷肥利用率显得非常重要。

2010 年北部引黄灌区小麦磷肥（P_2O_5）施用量为 127.82 kg/hm²，比全国、东部、西北地区标准分别高 36.71%、7.91% 和 22.43%，2015 年北部引黄灌区小麦磷肥（P_2O_5）施用量为 122.11 kg/hm²，比全国、西部地区标准分别高 23.34%、10.61%，在东部地区磷肥（P_2O_5）施用量标准之内，2019 年北部引黄灌区小麦磷肥（P_2O_5）施用量为 113.58 kg/hm²，比全国、西部两地区标准分别高 22.92%、11.35%，在东部地区磷肥（P_2O_5）施用量标准之内；2010 年中部干旱带小麦磷（P_2O_5）肥施用量为 116.33 kg/hm²，与全国和西部地区两个磷肥限量施用标准分别高 24.42%、11.43%，在东部地区磷肥限量施用标准范围之内，2015 年、2019 年中部干旱带小麦磷肥（P_2O_5）施用量分别为 94.83 kg/hm²、91.97 kg/hm²，均在全国、东部、西北地区磷肥限量施用标准范围之内；2010 年南部山区小麦磷肥（P_2O_5）施用量为 74.35 kg/hm²，比全国、东部、西北地区磷肥（P_2O_5）限量施用标准分别低 12.53%、15.08% 和 4.25%，2015 年南部山区小麦磷肥（P_2O_5）施用量为 73.28 kg/hm²，比全国、东部、西北地区磷肥（P_2O_5）限量施用分别低 18.58%、20.91% 和 11.07%，2019 年南部山区小麦磷肥（P_2O_5）施用量为 76.41 kg/hm²，比全国、东部地区磷肥（P_2O_5）限量施用标准分别低 9.04%、11.00%，在西部地区磷肥（P_2O_5）限量施用标准范围之内。以上数据表明，2010—2019 年，宁夏 3 个农业生态区小麦北部引黄灌区磷肥用量均高于全国、东部和西部地区磷肥限量施用标准，南部山区磷肥用量均低于全国、东部和西部地区磷肥限量施用标准，3 个农业生态区磷肥用量差异较大，大小顺序为北部引黄灌区＞中部干旱带＞南部山区，但引黄灌区和中部干旱带均呈下降趋势，降幅最大为北部引黄灌区，与 2010 年相比，降幅为 11.10%，值得注意的是近年来南部山区小麦磷肥施用量还有所提高，比

2010 年提高了 2.70%。这也表明宁夏农业三大类型区要进一步加强磷肥合理使用技术研究，尤其是加强对不同土壤类型土壤磷组分研究，活化土壤有机磷养分，提高土壤磷养分资源利用率，从而减少化肥磷的投入。

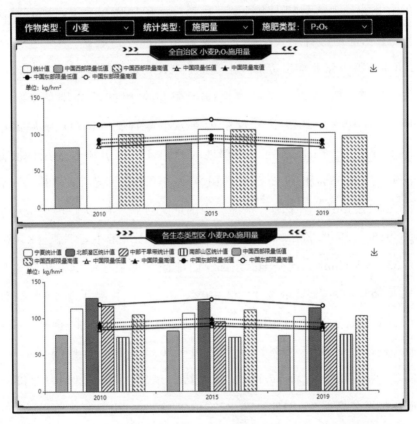

图 5-14　宁夏小麦磷肥施用量与全国不同地区磷肥限量施用标准对比分析

④钾肥（K_2O）施用量评价（图 5-15）：2010 年全区小麦钾肥（K_2O）施用量为 30.58 kg/hm²，比全国、东部、西部地区钾肥（K_2O）限量施用标准分别低 57.53%、60.03% 和 57.08%，2015 年全区小麦钾肥（K_2O）施用量为 32.56 kg/hm²，比全国、东部、西部地区钾肥（K_2O）限量施用标准分别低 57.16%、59.80% 和 57.16%，2019 年全区小麦钾肥（K_2O）施用量为 29.43 kg/hm²，比全国、东部、西部地区钾肥（K_2O）限量施用标准分别低 57.96%、60.60% 和 58.14%。以上数据表明，2010—2019 年，全区小麦钾

肥施用量变幅不大，维持在稳定水平，全区小麦钾肥施用量均低于全国、东部和西部地区钾肥限量施用标准，因此，适度提高钾肥施用量，才能够使小麦产量有所提高。

2010 年北部引黄灌区小麦钾肥（K_2O）施用量为 30.38 kg/hm²，比全国、东部、西部地区钾肥（K_2O_5）限量施用标准分别低 57.81%、57.95% 和 54.14%，2015 年北部引黄灌区小麦钾肥（K_2O）施用量为 34.73 kg/hm²，比全国、东部、西部地区钾肥（K_2O_5）限量施用标准分别低 54.30%、54.60% 和 51.08%，2019 年北部引黄灌区小麦钾肥（K_2O）肥施用量为 32.91 kg/hm²，比全国、东部、西部地区钾肥（K_2O_5）限量施用标准分别低 52.99%、53.35% 和 49.60%；2010 年中部干旱带小麦钾肥（K_2O）施用量为 45.50 kg/hm²，比全国、东部、西部地区钾肥（K_2O_5）施用量标准分别低 36.81%、37.02% 和 31.32%，2015 年中部干旱带小麦钾肥（K_2O）施用量为 33.75 kg/hm²，比全国、东部、西部地区钾肥（K_2O_5）限量施用标准分别低 55.59%、55.88% 和 52.46%，2019 年中部干旱带小麦钾肥（K_2O_5）施用量为 22.45 kg/hm²，比全国、东部、西北地区钾肥（K_2O_5）限量施用标准分别低 67.93%、68.18% 和 65.62%；2010 年南部山区小麦钾肥（K_2O）施用量为 2.30 kg/hm²，比全国、东部、西部地区钾肥（K_2O_5）限量施用标准分别低 96.81%、96.82% 和 96.53%，2015 年中部干旱带小麦钾肥（K_2O）限量施用为 10.60 kg/hm²，比全国、东部、西部地区钾肥（K_2O_5）资料施用标准分别低 86.05%、86.14% 和 85.07%，2019 年中部干旱带小麦钾肥（K_2O_5）施用量为 22.45 kg/hm²，比全国、东部、西部地区钾肥（K_2O_5）限量施用标准分别低 77.71%、77.89% 和 76.11%；以上数据表明，2010—2019 年，3 个农业生态区小麦钾肥施用量变幅不大维持一个稳定水平，均低于全国、东部和西部地区钾肥限量施用标准，大小顺序为北部引黄灌区＞中部干旱带＞南部山区。这也表明宁夏农业 3 个生态区要进一步加强小麦钾肥合理使用技术研究，尤其是针对不同土壤类型，加强土壤不同形态钾研究，重点研究土壤钾库动态变化即土壤全钾—缓效态钾—有效钾转化研究，提高土壤钾养分资源高效利用，从而减少化肥钾的投入。

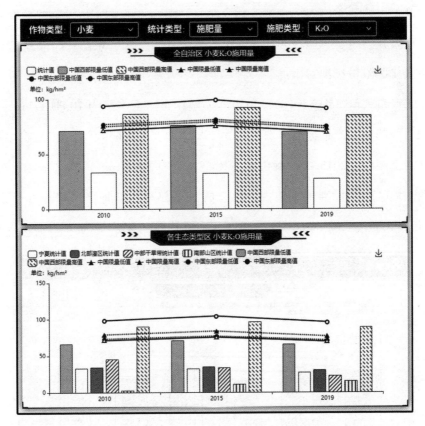

图 5-15　宁夏小麦钾肥施用量与全国不同地区钾肥限量施用标准对比分析

3. 各县（市、区）主要作物玉米、水稻和小麦产量及施肥现状评价

根据 2006 年主要粮食作物施肥调查数据，按照国家和地方主要作物化肥定额制的限量标准（DB330185/T 005—2020）等相关标准，以全国、东部和西部地区划分，按照 2010 年（2006—2010 年）、2015 年（2011—2015 年）和 2019 年（2016—2019 年）3 个时间节点，对宁夏全区、不同农业生态区小麦、水稻和玉米施肥现状进行了评价（见表 5-2）。选择系统中北部引黄灌区石嘴山市及平罗县玉米、吴忠市及青铜峡市水稻、中部干旱带中卫市及海原县小麦、南部山区固原市及西吉县小麦的产量，以及氮、磷、钾肥施用量

进行分析。

（1）石嘴山市、平罗县玉米产量及施肥现状评价。

从图 5-16 至图 5-19 可得知，2006—2019 年石嘴山市、平罗县玉米产量，以及氮、磷、钾肥投入动态变化，并用其与全国、东部和西部地区玉米产量及化肥限量标准对比。

①产量评价（图 5-16）：2010 年石嘴山市玉米产量为 10.31 t/hm²，比全国、西部地区产量标准分别低 0.39%、2.28% 和 66.47%，在东部地区产量标准范围内，2015 年石嘴山市玉米产量为 9.68 t/hm²，均在全国、东部和西部地区产量标准范围值内，比全国、东部和西部地区产量标准分别低 65.15%、65.59% 和 60.88%，2019 年石嘴山市玉米产量为 9.77 t/hm²，比

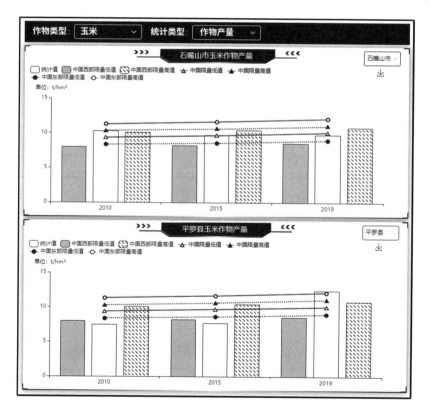

图 5-16　石嘴山市、平罗县玉米产量对比分析

全国产量标准低 2.30%，均在东部和西部地区产量标准范围值内；2010 年平罗玉米产量为 7.47 t/hm²，比全国、东部和西部地区产量标准分别低 20.02%、10.32%和 6.39%，2015 年平罗玉米产量为 7.70 t/hm²，比全国、东部和西部地区产量标准分别低 19.96%、10.26%和 6.35%，2019 年平罗玉米产量为 12.31 t/hm²，比全国、东部和西部地区产量标准分别高 12.45%、2.49%和 14.54%。以上数据说明，2010—2019 年，石嘴山市玉米产量有所降低，降幅为 5.20%，平罗县玉米产量均有所提高，提高幅度为 66.90%，2015 年前但均低于全国、东部和西部地区水平，2019 年平罗县玉米产量均高于全国、东部和西部地区水平，这也进一步表明两地区玉米产量虽提高很多，但整体产量水平还有待进一步提高。

②氮肥（N）施用量评价（图 5-17）：2010 年石嘴山市玉米氮肥（N）施用量为 431.00 kg/hm²，比全国、东部和西部地区氮肥限量施用标准分别高 137.47%、117.92%和 101.78%，2015 年石嘴山市玉米氮肥（N）施用量为 398.33 kg/hm²，比全国、东部和西部地区氮肥限量施用标准分别高 106.92%、89.28%和 76.56%，2019 年石嘴山市氮肥（N）施用量为 332.67 kg/hm²，比全国、东部和西部地区氮肥限量施用标准分别高 86.68%、71.17%和 59.32%；2010 年平罗县玉米氮肥（N）施用量为 446.00 kg/hm²，比全国、东部和西部地区氮肥限量施用标准分别低 145.73%、125.48%和 108.80%，2015 年平罗县玉米氮肥（N）施用量为 399.00 kg/hm²，比全国、东部和西部地区氮肥限量施用标准分别高 107.20%、89.59%和 76.86%，2019 年平罗县玉米氮肥（N）施用量为 368.00 kg/hm²，比全国、东部和西部地区氮肥限量施用标准分别高 105.39%、88.32%和 75.29%。以上数据说明，2010—2019 年石嘴山市、平罗县玉米氮肥施用量整体水平均高于全国、东部和西部地区，呈逐年下降趋势，降幅分别为 22.80%、17.90%，这也进一步说明，石嘴山市、平罗县玉米氮肥施用量较高，必须加强氮肥减量技术方面的研究，提高了氮肥利用率，有效控制玉米田氮素流失污染。

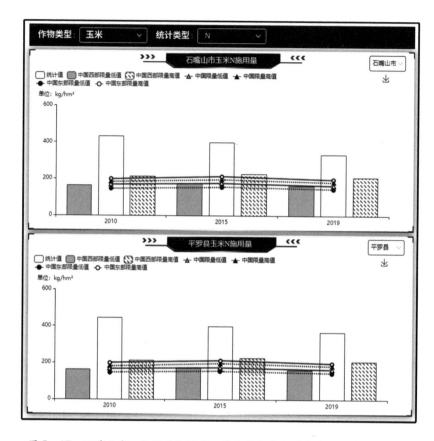

图 5-17 石嘴山市、平罗县氮肥投入量变化与氮肥限量施用标准对比分析

③磷肥（P_2O_5）施用量评价（图 5-18）：2010 年石嘴山市玉米磷肥（P_2O_5）施用量为 173.00 kg/hm²，比全国、东部和西部地区磷肥限量施用标准分别高 96.59%、135.05% 和 58.37%、2015 年石嘴山市玉米磷肥（P_2O_5）施用量为 192.33 kg/hm²，比全国、东部和西部地区磷肥限量施用标准分别高 105.70%、145.95% 和 60.28%，2019 年磷肥（P_2O_5）施用量为 126.00 kg/hm²，比全国、东部和西部地区磷肥限量施用标准分别高 44.99%、73.91% 和 12.90%；2010 年平罗县磷肥（P_2O_5）施用量为 98.00 kg/hm²，比全国、东部地区磷肥限量施用标准分别低 11.36%、33.15%，在西部地区磷肥限量施用标准值内，2015 年平罗县玉米磷肥（P_2O_5）施用量为 141.00 g/hm²，比全国、东部和西部地区磷肥限量施用标

准分别高 50.8%、80.31% 和 17.50%，2019 年平罗县玉米磷肥（P_2O_5）施用量为 78.00 kg/hm²，比全国、东部地区磷肥限量施用标准分别高 105.39%、88.32%，在西部地区磷肥限量施用标准值内。以上数据说明，2010—2019 年，石嘴山市、平罗县玉米磷肥施用量整体水平均高于全国、东部和西部地区，呈先升高后下降趋势，降幅分别为 27.18%、20.40%，这也进一步说明，石嘴山市、平罗县玉米磷肥施用量较高，必须加强磷肥减量施用技术方面研究，提高磷肥利用率。

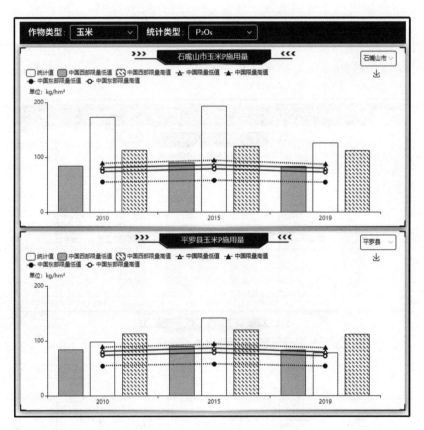

图 5-18　石嘴山市、平罗县磷肥投入量变化与磷肥限量施用标准对比分析

④钾肥（K_2O）施用量评价（图 5-19）：2010 年石嘴山市玉米钾肥（K_2O）施用量为 42.67 kg/hm²，比全国、东部和西部地区钾肥限量施用标准分别低 41.55%、29.30% 和 48.10%、2015 年石嘴山市玉米钾（K_2O）肥

施用量 48.00 kg/hm²，比全国、东部和西部地区钾肥限量施用标准分别低 38.46%、24.71%和45.52%，2019 年钾肥（K₂O）施用量为 52.50 kg/hm²，比全国、东部和西部地区钾肥限量施用标准分别高 27.08%、10.49%和 35.54%；2010 年平罗县钾肥（K₂O）施用量为 42.00 kg/hm²，比全国、东部和西部地区钾肥限量施用标准分别低 42.47%、30.41%和49.61%，2015 年平罗县玉米钾肥（K₂O）施用量为 47.00 kg/hm²，比全国、东部和西部地区钾肥限量施用标准分别低 39.74%、26.27%和46.65%，2019 年平罗县玉米钾肥（K₂O）施用量为 37.00 kg/hm²，比全国、东部和西部地区钾肥 48.61%、36.91%和54.57%。以上数据说明，2010—2019 年石嘴山市、

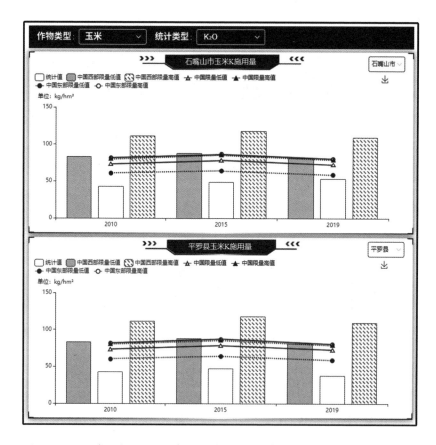

图 5-19　石嘴山市、平罗县钾肥投入量变化与钾肥限量施用标准对比分析

平罗县玉米钾肥施用量整体水平均低于全国、东部和西部地区，石嘴山市呈升高趋势，升高幅度为 23.04%，平罗县呈先升高后下降趋势，下降幅度为 11.90%，这也进一步说明，石嘴山市、平罗县玉米钾肥施用量不足，必须提高石嘴山市玉米钾肥施用量，才能够实现提高玉米产量和改善其品质的目的。

（2）吴忠市、青铜峡市（县级市）水稻产量及施肥现状评价。

从图 5-20 至图 5-23 可知，2006—2019 年吴忠市、青铜峡市水稻产量，以及氮、磷、钾肥料投入动态变化，并与全国、东部和西部地区玉米产量及化肥限量标准对比。

①产量评价（图 5-20）：2010 年、2015 年和 2019 年，吴忠市水稻产量

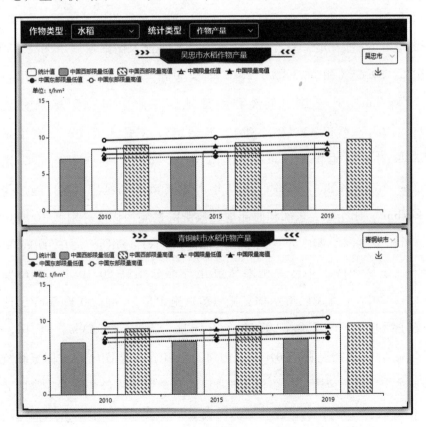

图 5-20　吴忠市及青铜峡市水稻产量对比分析

分别为 8.47 t/hm²、8.08 t/hm² 和 9.05 t/hm²，均在全国、东部、西部地区产量标准范围值内；2010 年青铜峡市水稻产量为 9.00 t/hm²，比全国、东部和西部地区产量标准分别低 20.02%、10.32% 和 6.39%，2015 年青铜峡市水稻产量为 8.71 t/hm²，比全国、西部地区产量标准分别高 6.26%、0.45%，在东部地区产量标准范围值内，2019 年青铜峡市水稻产量为 9.43 t/hm²，比全国产量标准高 3.47%、在东部和西部地区产量标准范围值。以上数据说明，在 2010—2019 年，吴忠市、青铜峡市水稻产量均有所提高，提高幅度分别为 6.80%、4.70%，吴忠市水稻产量水平与全国、东部和西部地区持平，青铜峡市水稻产量水平均高于全国水平，在东部和西部地区产量范围值内，这也进一步表明两地区水稻产量较高。

②氮肥（N）施用量评价（图 5-21）：2010 年吴忠市水稻氮肥（N）施用量为 320.60 kg/hm²，比全国、东部和西部地区氮肥限量施用标准分别高 94.30%、89.65% 和 66.98%，2015 年吴忠市水稻氮肥（N）施用量为 293.70 kg/hm²，比全国、东部和西部地区氮肥限量施用标准分别高 67.95%、63.71% 和 43.97%，2019 年吴忠市水稻氮肥（N）施用量为 277.50 kg/hm²，比全国、东部和西部地区氮肥限量施用标准分别高 71.65%、67.60% 和 47.32%；2010 年青铜峡市水稻氮肥（N）施用量为 330 kg/hm²，比全国、东部和西部地区氮肥限量施用标准分别低 100.00%、95.21% 和 71.88%，2015 年青铜峡市水稻氮肥（N）施用量为 315.00 kg/hm²，比全国、东部和西部地区氮肥限量施用标准分别高 80.10%、75.69% 和 54.41%，2019 年青铜峡市水稻氮肥（N）施用量为 300.00 kg/hm²，比全国、东部和西部地区氮肥限量施用标准分别高 85.53%、81.16% 和 59.24%。以上数据说明，2010—2019 年，吴忠市、青铜峡市水稻氮肥施用量整体水平均高于全国、东部和西部地区，呈逐年下降趋势，下降幅度分别为 13.40%、9.10%，这也进一步说明表明，吴忠市、青铜峡市水稻氮肥施用量较高，必须加强氮肥减量施用技术方面研究，提高氮肥利用率，有效控

制水稻田氮素流失污染。

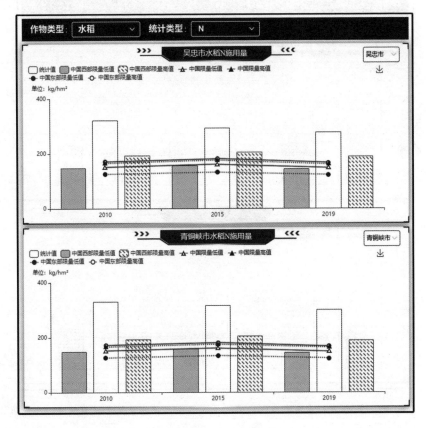

图 5 - 21　吴忠市及青铜峡市水稻氮肥投入量变化与氮肥限量施用标准对比分析

③磷肥（P_2O_5）施用量评价（图 5 - 22）：2010 年吴忠市水稻磷肥（P_2O_5）施用量为 140.65 kg/hm²，比全国、东部和西部地区磷肥限量施用标准分别高 145.63%、149.33% 和 91.94%，2015 年吴忠市水稻磷肥（P_2O_5）施用量为 128.00 kg/hm²，比全国、东部和西部地区磷肥限量施用标准分别高 111.57%、114.05% 和 64.10%，2019 年吴忠市水稻磷肥（P_2O_5）施用量为 108.00 kg/hm²，比全国、东部和西部地区磷肥限量施用标准分别高 92.51%、95.65% 和 50.00%；2010 年青铜峡市水稻磷肥（P_2O_5）施用量为 150.00 kg/hm²，比全国、东部和西部地区磷肥限量施用标准分别高 162.64%、166.19% 和 104.92%，2015 年青铜峡市水稻磷肥（P_2O_5）施用

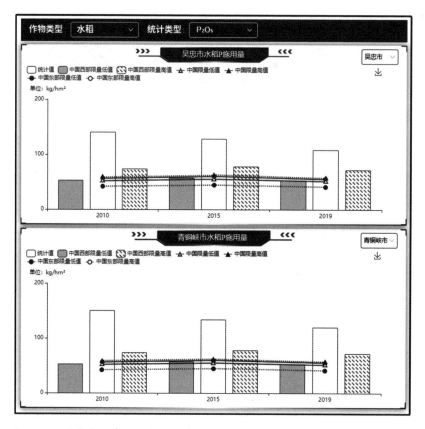

图5-22　吴忠市及青铜峡市水稻磷肥投入量变化与磷肥限量施用标准对比分析

量为134.00 g/hm²，比全国、东部和西部地区磷肥限量施用标准分别高121.49%、124.08%和71.79%，2019年青铜峡市水稻磷肥（P_2O_5）施用量为120.00 kg/hm²，比全国、东部和西部地区磷肥限量施用标准分别高113.90%、117.39%和66.67%。以上数据说明，2010—2019年，吴忠市、青铜峡市水稻磷肥施用量整体水平均高于全国、东部和西部地区，呈下降趋势，下降幅度分别为23.10%、20.00%，这也进一步说明，吴忠市、青铜峡市水稻磷肥施用量较高，必须加强磷肥减量施用技术方面研究，提高磷肥利用率。

　　④钾肥（K_2O）施用量评价（图5-23）：2010年吴忠市水稻钾肥（K_2O）施用量为62.00 kg/hm²，比全国钾肥限量施用标准高0.65%，在东

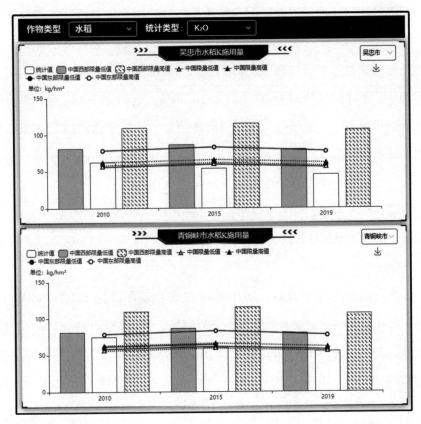

图 5-23 吴忠市及青铜峡市水稻钾肥投入量变化与钾肥限量施用标准对比分析

部地区钾肥限量施用标准范围内，比西部地区钾肥限量施用标准低 23.88%，2015 年吴忠市水稻钾肥（K_2O）施用量 54.00 kg/hm²，比全国、东部和西部地区钾肥限量施用标准分别低 8.47%、11.76% 和 37.35%，2019 年吴忠市水稻钾肥（K_2O）施用量为 45.60 kg/hm²，比全国、东部和西部地区钾肥限量施用标准分别高 17.09%、19.93% 和 42.08%；2010 年青铜峡市水稻钾肥（K_2O）施用量为 75.00 kg/hm²，比全国钾肥限量施用标准高 21.75%，在东部地区钾肥限量施用标准范围内，比西部地区钾肥限量施用标准低 7.92%，2015 年青铜峡市水稻钾肥（K_2O）施用量为 60.00 kg/hm²，在全国钾肥限量施用标准范围内，比东部和西部地区钾肥限量施用标准分别低 1.96%、30.39%，2019 年青铜峡市水稻钾肥（K_2O）施用量为 55.00 kg/hm²，在全国钾肥限量施用标准范围内，比东部和西部地区两个钾肥限量施用标准分别低 3.07%、30.61%。以上数据说明，2010—2019 年，吴忠市、青铜峡市玉米钾肥施用量整体水平均低于全国、东部和西部地区，吴忠市、青铜峡市呈下降趋势，下降幅度分别为 26.40%、26.50%，这也进一步说明，该地区玉米钾肥施用量不足，必须提高水稻钾肥施用量，才能够达到提高水稻产量和改善其品质的目的。

（3）中卫市、海原县小麦产量及施肥现状评价。

从图 5-24 至图 5-27 可得知，2006—2019 年中卫市、海原县小麦产量，以及氮、磷、钾肥料投入动态变化，并与全国、东部和西部地区玉米产量及化肥限量标准对比。

①产量评价（图 5-24）：2010 年中卫市小麦产量为 3.29 t/hm²，比全国、东部和西部地区产量标准分别低 55.96%、53.92% 和 50.83%，2015 年中卫市小麦产量为 3.82 t/hm²，比全国、东部和西部地区产量标准分别低 50.33%、48.10% 和 44.23%，2019 年中卫市小麦产量 3.35 t/hm²，比全国、东部和西部地区产量标准分别低 58.13%、56.21% 和 52.95%；2010 年海原县小麦产量为 0.96 t/hm²，比全国、东部和西部地区产量标准分别低 87.15%、86.55% 和 85.56%，2015 年海原县小麦产量为 2.50 t/hm²，比全国、东部和西部地区产量标准分别低 67.49%、66.03% 和 63.05%，2019 年海原县小麦产量为 1.97 t/hm²，比全国、东部和西部地区产量标准分别低 75.58%、74.25% 和 72.35%。以上数据说明，2010—2019 年，中卫市、海原县小麦呈现先提高后下降趋势，整体提高幅度分别为 1.80%、105.00%，中卫市、海原县小麦产量水平均低于全国、东部和西部地区持平，这也进一步表明两地区小麦产量较低，尤其是海原县由于旱地小麦面积大，产量很低。

②氮肥（N）施用量评价（图 5-25）：2010 年中卫市小麦氮（N）肥施用量为 317.92 kg/hm²、比全国、东部和西部地区氮肥限量施用标准分别高

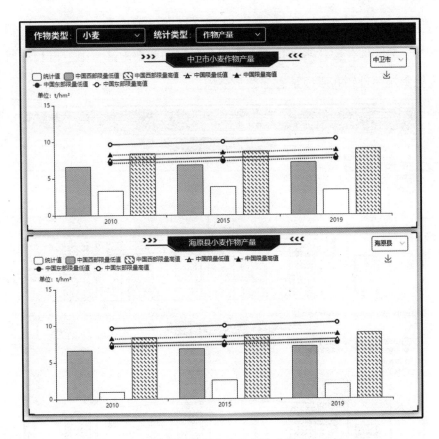

图 5－24　中卫市及海原县水稻产量对比分析

73.06%、49.43%和 55.84%，2015 年中卫市小麦氮肥（N）施用量为 312.00 kg/hm²，比全国、东部和西部地区氮肥限量施用标准分别高 6.25%、37.72%和 44.44%，2019 年中卫市小麦氮肥（N）施用量为 300.07 kg/hm²，比全国、东部和西部地区氮肥限量施用标准分别高 66.34%、43.37%和 49.74%；2010 年海原县小麦氮肥（N）施用量为 278.00 kg/hm²，比全国、东部和西部地区氮肥限量施用标准分别低 51.33%、30.67%和 36.27%，2015 年海原县小麦氮肥（N）施用量为 273.00 kg/hm²，比全国、东部和西部地区氮肥限量施用标准分别高 40.22%、20.50%和 26.39%，2019 年海原县小麦氮肥（N）施用量为 268.00 kg/hm²，比全国、东部和西部地区氮肥限量施用标准分别高 48.56%、28.05%和 33.73%。以上数据说明，2010—

2019 年，中卫市、海原县小麦氮肥施用量呈下降趋势，但降幅不大，分别为 5.60%、3.50%，整体水平均高于全国、东部和西部地区，中卫市和海原县小麦氮肥施用量较高原因是有部分水浇地。

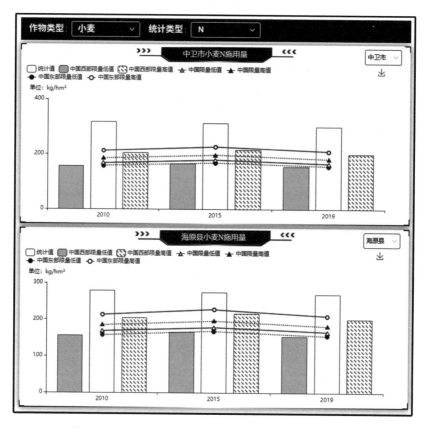

图 5-25　中卫市及海原县水稻氮肥投入量与氮肥限量施用标准对比分析

③磷肥（P_2O_5）施用量评价（图 5-26）：2010 年中卫市小麦磷肥（P_2O_5）施用量为 129.08 kg/hm²，比全国、东部和西部地区磷肥限量施用标准分别高 38.05%、8.97% 和 23.64%，2015 年中卫市小麦磷肥（P_2O_5）施用量 126.42 kg/hm²，比全国、东部和西部地区磷肥限量施用标准分别高 27.70%、0.85% 和 14.51%，2019 年中卫市小麦磷肥（P_2O_5）施用量为 114.67 kg/hm²，比全国、西部地区磷肥限量施用标准分别高 24.10%、12.42%，在东部地区磷肥限量施用标准范围内；2010 年海原县小麦磷肥（P_2O_5）施用量

为 97.00 kg/hm²，比全国磷肥限量施用标准高 3.74%，在东部和西部地区磷肥限量施用标准范围内，2015 年、2019 年海原县小麦磷肥（P_2O_5）施用量均为 95.00 kg/hm²，在全国、东部和西部地区磷肥限量施用标准范围内。以上数据说明，2010—2019 年，中卫市、海原县小麦磷肥施用量整体水平均高于全国、东部和西部地区，并呈下降趋势，下降幅度分别为 11.20%、5.10%，这也进一步说明，中卫市、海原县小麦磷肥施用量较高，必须加强磷肥减量技术方面研究，提出该地区磷肥减量施用技术，提高磷肥利用率。

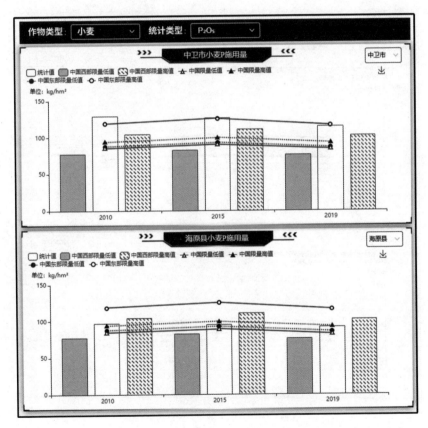

图 5-26　中卫市及海原县水稻磷肥投入量与磷肥限量施用标准对比分析

④钾肥（K_2O）施用量评价（图 5-27）：2010 年中卫市小麦钾肥（K_2O）施用量为 38.25 kg/hm²，比全国、东部和西部地区钾肥限量施用标准分别低 46.88%、47.06% 和 42.26%，2015 年中卫市小麦钾肥（K_2O）施

用量40.13 kg/hm²，比全国、东部和西部地区钾肥限量施用标准分别低47.20%、47.54%和43.48%，2019年中卫市小麦钾肥（K_2O）施用量为24.88 kg/hm²，比全国、东部和西部地区钾肥限量施用标准分别高64.46%、64.73%和61.90%；2005—2019年海原县小麦均未施用钾肥（K_2O）。以上数据说明，2010—2019年，中卫市小麦钾肥施用量呈现升高后下降趋势，下降幅度为34.90%，整体钾肥施用量均低于全国、东部和西部地区水平，这也进一步说明，该地区小麦钾肥施用量不足，尤其是海原县要增加钾肥投入。

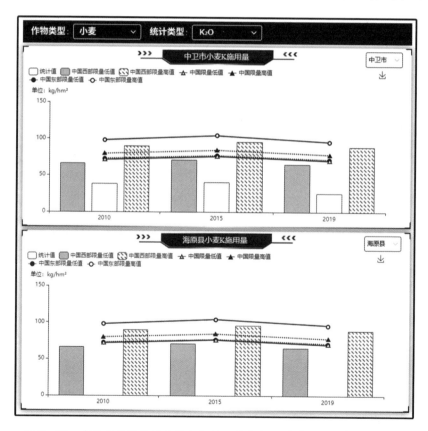

图5-27 中卫市及海原县水稻钾肥投入量与钾肥限量施用标准对比分析

（4）固原市、西吉县小麦产量及施肥现状评价。

从图5-28至图5-31可知，2006—2019年固原市、西吉县小麦产量，以及氮、磷、钾肥料投入动态变化，并与全国、东部和西部地区玉米产量及化肥限量标准对比。

① 产量评价（图 5 - 28）：2010 年固原市小麦产量为 2. 23 t/hm²，比全国、东部和西部地区产量标准分别低 70. 15%、68. 77% 和 66. 47%，2015 年固原市小麦产量为 2. 68 t/hm²，比全国、东部和西部地区产量标准分别低 65. 15%、65. 59% 和 60. 88%，2019 年固原市小麦产量为 2. 45 t/hm²，比全国、东部和西部地区产量标准分别低 69. 38%、69. 79% 和 69. 59%；2010 年西吉县小麦产量为 1. 95 t/hm²，比全国、东部和西部地区产量标准分别低 73. 99%、72. 69% 和 70. 68%，2015 年西吉县小麦产量为 2. 56 t/hm²，比全国、东部和西部地区产量标准分别低 66. 71%、65. 22% 和 62. 63%，2019 年西吉县小麦产量为 2. 31 t/hm²，比全国、东部和西部地区产量标准分别低 71. 13%、

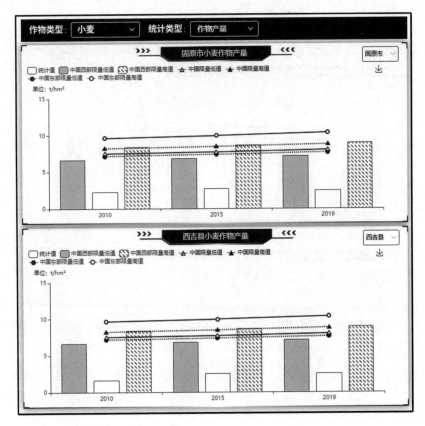

图 5 - 28　固原市及西吉县小麦产量对比分析

69.80%和67.56%。以上数据说明，在2010—2019年，固原市、西吉县小麦产量均有所提高，提高幅度分别为5.23%、18.40%，但均低于全国、东部和西部地区水平，这也进一步表明两地区小麦产量虽提高很多，但整体产量水平较低，这也是由于南部山区种植旱地小麦面积较大，受自然因素影响，产量较低。

②氮肥（N）施用量评价（图5-29）：2010年、2015年固原市小麦氮肥（N）施用量分别为168.25 kg/hm²、181.94 kg/hm²，均在全国、东部和西部地区氮肥限量施用标准范围值内，2019年全自治区小麦氮肥（N）施用量为194.83 kg/hm²，比全国氮肥限量施用标准高8.00%，均在东部和西部两个氮肥限量施用标准范围值内。2010年西吉县小麦氮肥（N）施用量为

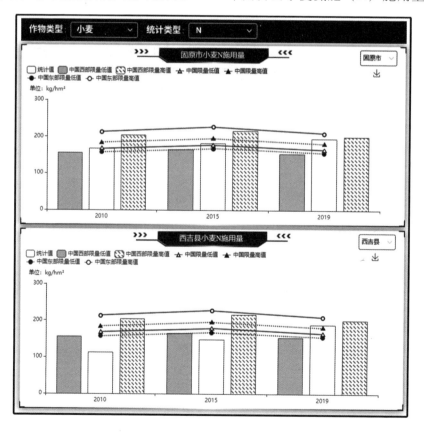

图5-29　固原市及西吉县小麦氮肥投入与氮肥限量施用标准对比分析

113.25 kg/hm²，比全国、东部和西部地区氮肥限量施用标准分别低32.19%、27.98%和27.64%，2015 年西吉县小麦氮肥（N）施用量为147.65 kg/hm²，比全国、东部和西部地区氮肥限量施用标准分别高16.53%、11.76%和10.99%，2019 年西吉县小麦氮肥（N）施用量为189.00 kg/hm²，比全国氮肥限量施用标准高4.77%，均在东部和西部两个氮肥限量施用标准范围值内。以上数据说明，2010—2019 年，固原市、西吉县小麦氮肥施用量整体水平均低于全国、东部和西部地区，呈逐年上升趋势，上升幅度分别为15.60%、66.80%，这也进一步说明，固原市、西吉县均应提高氮肥施用量。

③磷肥（P_2O_5）施用量评价（图 5-30）：2010 年固原市小麦磷肥（P_2O_5）施用量为74.35 kg/hm²，比全国、东部和西部地区磷肥限量施用标准分别低12.53%、15.08%和4.25%，2015 年固原市小麦磷肥（P_2O_5）施用量73.28 kg/hm²，比全国、东部和西部地区磷肥限量施用标准分别低18.58%、20.91%和11.07%，2019 年固原市小麦磷肥（P_2O_5）施用量为76.41 kg/hm²，比全国、东部地区磷肥限量施用标准分别低9.04%、11.00%，在西部地区磷肥限量施用标准范围内；2010 年西吉县小麦磷肥（P_2O_5）施用量为69.00 kg/hm²，比全国、东部和西部地区磷肥限量施用标准分别低18.82%、21.19%和11.14%，2015 小麦磷肥（P_2O_5）施用量为69.00 kg/hm²，比全国、东部和西部地区磷肥限量施用标准分别低23.33%、25.53%和16.26%，2019 年西吉县小麦磷肥（P_2O_5）施用量分别为86.25 kg/hm²，均在全国、东部和西部地区磷肥限量施用标准范围内。以上数据说明，2015—2019 年，固原市、西吉县小麦磷肥施用量整体水平均低于全国、东部和西部地区，并呈先下降后上升的规律，增加幅度分别为2.80%、25.00%，这也进一步说明，该地区小麦磷肥施用量较低，必须提高南部山区磷肥施用量，以提高小麦产量。

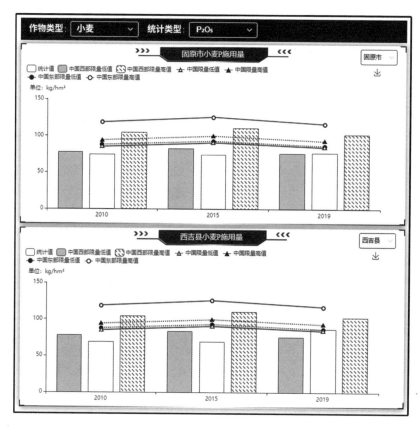

图 5-30 固原市及西吉县小麦磷肥投入与磷肥限量施用标准对比分析

④钾肥（K_2O）施用量评价（图 5-31）：2010 年固原市小麦钾肥（K_2O）施用量为 2.30 kg/hm²，比全国、东部和西部地区钾肥限量施用标准分别低 96.81%、96.82%和 96.53%，2015 年固原市小麦钾肥（K_2O）施用量 10.60 kg/hm²，比全国、东部和西部地区钾肥限量施用标准分别低 86.05%、86.14%和 85.07%，2019 年固原市小麦钾肥（K_2O）施用量为 15.60 kg/hm²，比全国、东部和西部地区钾肥限量施用标准分别高 77.71%、77.89%和 76.11%；2005—2019 年海原县小麦均未施用钾肥（K_2O）。以上数据说明，2010—2019 年，固原市小麦钾肥施用量呈现升高趋势，增加幅度为 578.30%、整体钾肥施用量均低于全国、东部和西部地区水平，这也进一步说明，该地区小麦钾肥施用量不足，尤其是海原县要增加钾肥投入。

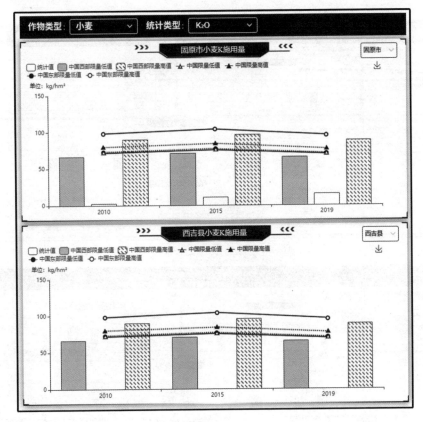

图 5 - 31　固原市及西吉县小麦钾肥投入与钾肥限量施用标准对比分析

4. 典型地块调查结果分析

（1）典型地块主要作物施用量调查结果分析。

本部分统计分析了 2018 年 5 000 份调查数据，2018—2021 年，每年 480 份调查数据（图 5 - 32）。按照粮食作物（玉米、小麦、水稻、马铃薯、其他粮食作物）、蔬菜（瓜果类、根茎秆叶和其他）和其他类（苹果、经济作物、油料、其他果树和豆类）对作物进行分析，并从全区、农业生态区、5 个地级市和 22 个县（市、区），从作物产量及氮、磷、钾肥施用量方面进行统计分析，第一章第三节已进行统计结果分析，这里不再赘述。

（a）

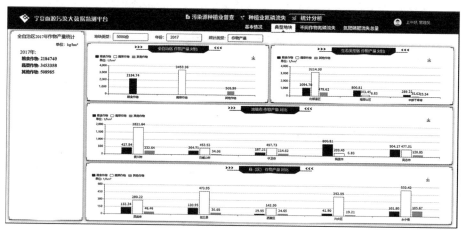

（b）

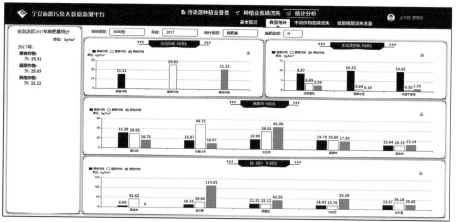

（c）

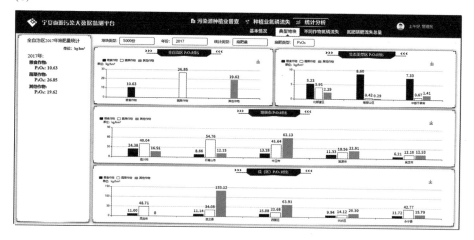

(d)

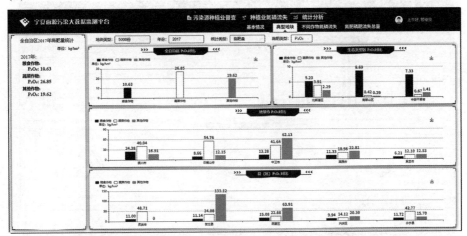

图 5-32　5 000 份典型地块抽样调查作物产量 (a) 及氮肥施用量 (b)、
磷肥施用量 (c)、钾肥施用量 (d) 调查统计结果

(2) 不同农作物氮磷流失量结果分析。

将种植业监测作物不同水肥管理条件下不同年份氮磷淋失量、同一年份
氮磷淋失动态变化及不同形态氮磷组分制作饼状图，监测作物涵盖了 3 个玉
米 (3 个监测点)、小麦、露地菠菜、设施蔬菜 (3 个监测点)、扬黄灌区玉
米、菜心和山区芹菜，玉米、小麦结果分析详见图 5-33。

(a)

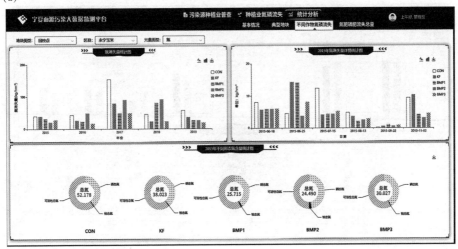

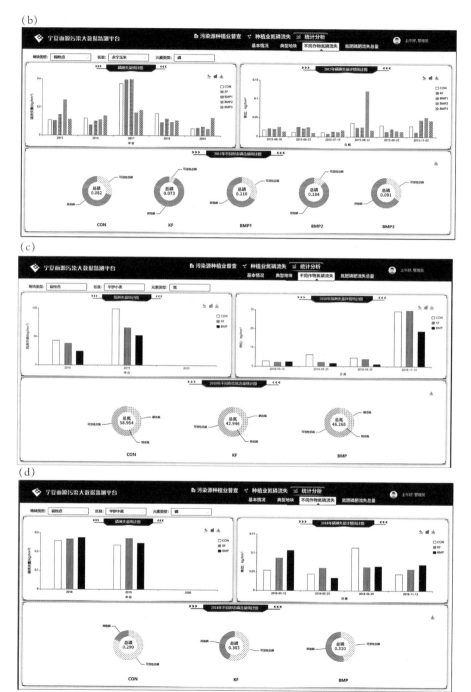

图5-33 玉米、小麦田土壤氮磷淋失量结果分析

注：（a）为玉米田氮淋失量；（b）为玉米田磷淋失量；（c）为小麦田氮淋失量；（d）为小麦田磷淋失量。

5. 宁夏主要粮食作物氮磷流失总量、流失防控效果及其氮磷流失预测

（1）宁夏主要粮食作物氮磷流失总量结果分析。

根据 2010—2019 年宁夏、北部引黄灌区主要粮食作物面积、氮磷施肥量调查结果，结合宁夏引黄灌区玉米、小麦氮磷流失长期定位试验研究结果，水稻结合文献数据，测算出 2010 年、2015 年和 2019 年宁夏全区、北部引黄灌区玉米、小麦和水稻氮磷流失量，详见图 5-34。

(a)

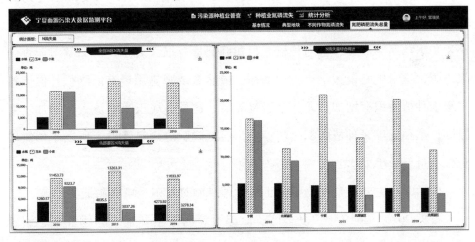

(b)

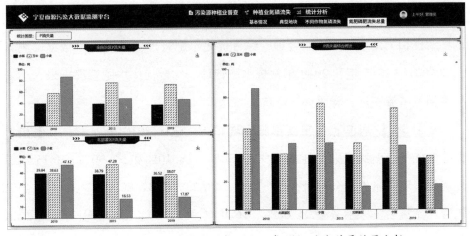

图 5-34　玉米、小麦和水稻氮（a）、磷（b）流失总量结果分析

从图 5 - 34 可看出，2010—2019 年，宁夏全区玉米氮流失量呈现先升高后降低规律，降幅为 19.70%，小麦和水稻氮流失量均呈下降规律，降幅分别为 48.20%、18.90%，氮磷流失量大小依次为玉米＞小麦＞水稻；北部引黄灌区玉米和水稻均呈现下降趋势，降幅分别为 3.50%、64.10%，均低于宁夏全区水平；2010—2019 年，玉米磷流失量呈上升规律，增幅为 25.40%，小麦和水稻磷流失量与全区变化表现一致，降幅分别为 47.30%，8.30%，北部引黄灌区与宁夏全区变化规律一致，玉米、小麦降幅分别为 9.20%、62.10%，均低于宁夏全区水平。以上数据结果表明，宁夏玉米、小麦和水稻氮磷流失总量与种植面积和施肥量有很大关系，前面章节调查结果表明，玉米施肥量大于小麦和水稻，虽然氮磷肥施用量有所降低，但近年来玉米种植面积有增加，尤其是引黄灌区，这是造成玉米氮流失量增加主要原因；水稻近年来种植面积比较稳定，但氮磷肥施用量降低，所以水稻氮磷流失总量低于小麦。

（2）宁夏主要粮食作物不同水肥管理措施对农田土壤氮磷流失影响。

根据 2010—2019 年宁夏全区、北部引黄灌区主要粮食作物面积、氮磷施肥量调查结果，结合宁夏引黄灌区玉米、小麦氮磷流失长期定位试验中常规水肥管理（CON）、综合优化水肥管理（BMP）氮磷流失量的研究结果，水稻结合相关文献常规水肥管理、综合优化水肥管理氮磷流失量数据，测算出 2010 年、2015 年和 2019 年常规水肥管理、综合优化水肥管理玉米、小麦和水稻氮磷流失量，详见图 5 - 35。

从图 5 - 35 可知，与常规水肥管理相比，全区 2010 年玉米、小麦和水稻综合优化管理氮流失量分别减少 27.50%、18.10% 和 32.90%，2015 年综合优化管理氮流失量分别减少 27.70%、18.20% 和 32.80%，2019 年综合优化管理氮流失量分别减少 24.60%、16.90% 和 32.80%，北部引黄灌区 2010 年综合玉米、小麦综合优化管理氮流失量分别减少 54.30%、63.00%，2015 年综合优化管理氮流失量分别减少 27.30%、16.90%，2019 年综合优化管

(a)

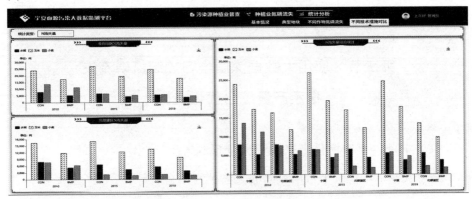

(b)

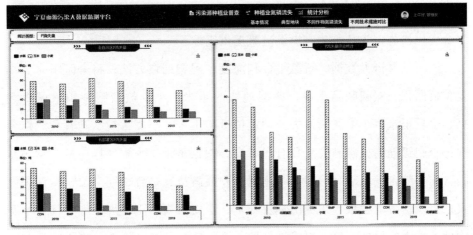

图5-35　玉米、小麦和水稻水肥优化管理措施对氮（a）、磷（b）流失量影响分析

理氮流失量分别减少 27.90%，21.70%；全区 2010 年综合玉米、小麦和水稻综合优化管理磷流失量分别减少 7.30%、0.40%和 17.50%，2015 年综合优化管理磷流失量分别减少 7.60%、0.90%和 17.10%，2019 年综合优化管理磷流失量分别减少 7.10%、0.20%和 17.50%；北部引黄灌区 2010 年玉米、小麦综合优化管理磷流失量分别减少 7.30%、0.40%，2015 年综合优化管理磷流失量分别减少 7.80%、0.10%，2019 年综合优化管理氮流失量分别减少 7.10%，0.40%。以上数据表明，2010—2019 年，宁夏主要粮食作物综合优化管理氮磷流失量低于常规水肥管理，呈现下降趋势，氮磷流失量大小

依次为水稻＞玉米＞小麦，这也说明水稻灌溉量大，氮磷流失严重，玉米施肥量高于小麦，所以玉米高于小麦，这与长期氮磷流失监测研究结果一致。

第二节 应用大数据深度学习控制氮磷流失
稳定产量综合优化措施

一、宁夏主要作物化肥氮磷流失量预测

结合农业基本情况平台与氮磷流失监测点平台，计算宁夏全区、不同生态类型区、县（市、区）每年农田及化肥氮磷流失量，将土壤养分—产量—氮磷流失系数三者有机结合，综合提出主要粮食作物控制氮磷流失稳定产量综合优化措施，为各级政府提供决策提供支撑。

采用计算机大数据、智慧平台和深度学习相结合方法，将全区玉米、小麦种植面积，氮磷肥施用量、典型地块的玉米、小麦氮磷肥施用量调查数据、宁夏玉米、小麦氮磷淋失长期定位试验玉米、小麦常规水肥管理、综合优化水肥管理的氮磷淋失系数有机融合，根据玉米、小麦目标产量、常规水肥管理、综合优化水肥管理不同施肥量和灌溉量、结合长期定位试验氮磷淋失系数设定各项参数，预测出宁夏玉米、小麦常规水肥管理、综合优化水肥管理条件下的目标产量、氮磷淋失量、施肥总量和淋失总量，详见图5－36。

(a)

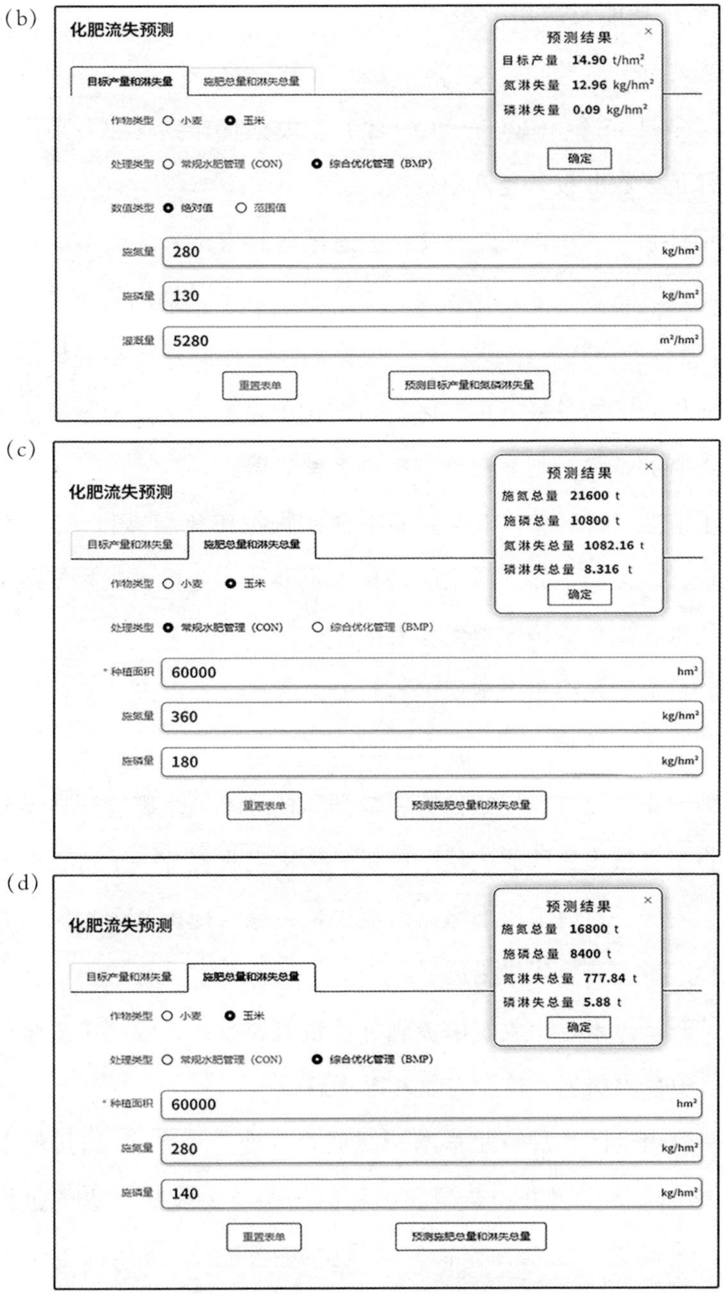

(b)

化肥流失预测

目标产量和淋失量　　施肥总量和淋失总量

作物类型　○ 小麦　　● 玉米

处理类型　○ 常规水肥管理（CON）　　● 综合优化管理（BMP）

数值类型　● 绝对值　　○ 范围值

施氮量　280　　kg/hm²

施磷量　130　　kg/hm²

灌溉量　5280　　m³/hm²

重置表单　　预测目标产量和氮磷淋失量

预测结果　×

目标产量　14.90　t/hm²

氮淋失量　12.96　kg/hm²

磷淋失量　0.09　kg/hm²

确定

(c)

化肥流失预测

目标产量和淋失量　　施肥总量和淋失总量

作物类型　○ 小麦　　● 玉米

处理类型　● 常规水肥管理（CON）　　○ 综合优化管理（BMP）

* 种植面积　60000　　hm²

施氮量　360　　kg/hm²

施磷量　180　　kg/hm²

重置表单　　预测施肥总量和淋失总量

预测结果　×

施氮总量　21600　t

施磷总量　10800　t

氮淋失总量　1082.16　t

磷淋失总量　8.316　t

确定

(d)

化肥流失预测

目标产量和淋失量　　施肥总量和淋失总量

作物类型　○ 小麦　　● 玉米

处理类型　○ 常规水肥管理（CON）　　● 综合优化管理（BMP）

* 种植面积　60000　　hm²

施氮量　280　　kg/hm²

施磷量　140　　kg/hm²

重置表单　　预测施肥总量和淋失总量

预测结果　×

施氮总量　16800　t

施磷总量　8400　t

氮淋失总量　777.84　t

磷淋失总量　5.88　t

确定

图 5-36　玉米、小麦化肥流失预测

注：（a）为常规水肥管理玉米目标产量与氮磷淋失量预测；（b）为优化水肥管理玉米目标产量与氮磷淋失量预测；（c）为常规水肥管理玉米氮磷施用总量和淋失总量预测；（d）为优化水肥管理玉米氮磷施用总量和淋失总量预测。

二、平台系统功能及应用效果

1. 平台系统结论

（1）揭示了宁夏 15 年（2005—2019 年）主要粮食作物农业各项指标动态变化规律，评价了农业投入与产出情况。

应用大数据评价了 15 年宁夏、农业生态区各县（市、区）不同作物产量、面积、化肥投入三者关系，化肥投入对产量贡献率，揭示了宁夏引黄灌区 15 年不同优势特色作物水肥投入变化规律，参考化肥限量相关标准，评价了宁夏、农业生态区和各县（市、区）目前化肥投入情况，为宁夏主要粮食作物氮磷流失监测试验水肥参数确定提供参考依据。

（2）摸清了宁夏 2015—2019 年主要粮食作物农田氮磷减排单项措施、综合减排措施现状，提出了面源污染防控技术重要性，为粮食作物氮磷流失面源污染防控技术各项参数确定提供参考依据。

（3）明确了目前宁夏粮田土壤氮磷养分流失量，综合提出基于控制氮磷流失稳定产量综合优化措施。

根据宁夏粮田氮磷流失长期定位监测数据，核算不同水肥管理典型农田氮磷流失量，将宁夏粮田氮磷流失量—产量—作物吸收养分—土壤氮磷养分四者有机结合，明确了目前粮田土壤氮磷流失量，综合提出基于控制氮磷流失稳定粮食作物产量的综合优化措施。

（4）建立了基于玉米、小麦氮磷流失、适量氮磷投入，预测了玉米、小麦的目标产量、氮磷淋失量、施肥总量和淋失总量。

将宁夏各县（市、区）种植业基本情况调查（面上调查）、减排情况调查、种植业典型地块抽样调查和典型农田氮磷流失监测试验（点上定位试验）有机融合，明确了主要粮食作物氮磷流失防控技术，采用深度学习方法，建立了基于玉米、小麦氮磷流失、适量氮磷投入，预测玉米和小麦的目标产量、氮磷淋失量、施肥总量和淋失总量，为大面积推广提出的防控技术提供科技支撑。

2. 应用效果

该系统平台开发以来，分别在宁夏平罗县、银川市、利通区、青铜峡市、沙坡头区和西吉县应用，应用效果如下。

2019 年银川市粮食作物总施肥量 46 958 t，氮磷流失总量 3 088 t，与 2006 年和 2015 年相比，粮食作物氮磷流失总量分别降低了 42.30%、12.30%；2019 年石嘴山市平罗县粮食作物总施肥量 24 873 t，氮磷流失总量 1 635 t，氮磷流失总量比 2006 年增加了 11.70%、比 2015 年降低了 10.10%；2019 年吴忠市利通区粮食作物总施肥量 9735 t，氮磷流失总量 600 t，与 2006 年和 2015 年相比，粮食作物氮磷流失总量分别降低了 42.50%、18.90%；2019 年吴忠市青铜峡市粮食作物总施肥量 16 796 t，氮磷流失总量 1 004 t，与 2006 年和 2015 年相比，青铜峡市粮食作物氮磷流失总量分别降低了 43.70%、17.90%；2019 年中卫市沙坡头区粮食作物总施肥量 21 874 t，氮、磷流失总量 1 293 t，氮、磷流失总量分别增加了 49.30%、87.30%；2019 年中卫市中宁县粮食作物总施肥量 21 781 t，氮、磷流失总量 1 196 t，与 2006 年和 2015 年相比，氮、磷流失总量分别降低了 13.70%、16.80%，枸杞氮、磷流失总量分别降低了 12.40%、33.20%；2019 年固原市西吉县露地蔬菜总施肥量 8 312 t，氮、磷流失总量 435 t，露地蔬菜总的氮磷流失总量比 2006 年增加了 19.50%，比 2015 年降低了 19.60%。

该评价系统利用物联网、大数据，有效展示了宁夏农业生产、水肥投入现状，使技术人员更加直观了解本地区农业水肥利用及氮、磷流失的现状，对宁夏农业优势特色产业绿色发展具有很好的指导作用。